집안일이 쉬워지는 장끼남 살림법

장끼남(김진선) 지음

"남편이 살림하고 청소하면 가정이 행복합니다"

즐거운상상

살림력이 스펙이다

'살림'은 어디서부터 어디까지일까요?

가족센터에서 했던 살림 강의를 들으러 온 분들께 물어보니 모두 답이 달랐습니다. 그렇습니다. 살림에 정답은 없습니다. 대부분 청소, 정리, 세탁, 설거지 정도로 생각하지요.

하지만 제가 생각하는 살림의 범위는 더 넓습니다. 살림은 **1. 정리 2. 청소 3. 분리배출 4. 세탁 5. 장보기 6. 요리 7. 돈 관리 8. 건강 관리 9. 육아** 아홉 가지 영역으로 나눌 수 있다고 생각합니다.

강의를 하다보면 이런 질문을 듣게 됩니다.

"설거지는 어디에 해당됩니까?"

설거지는 청소, 정리, 분리배출 세 가지 항목에 해당됩니다. 사용한 식기를 닦고, 마른 식기를 제자리에 정리하며, 싱크대 주위를 치우고 음식물 쓰레기를 분리배출 하는 과정이 모두 포함되기 때문입니다. 이처럼 모든 집안일은 한 가지 분야로 특정할 수 없습니다.

하나 더 예를 들어볼까요? 요리는 정리, 청소, 장보기, 돈 관리, 건강 관리, 육아 항목에 해당됩니다. "왜 이렇게 많은 항목에 들어갑니까?" 라고 묻는 분이 있다면 준비되어 있는 재료로 음식을 만들기만 하면 된다고 생각하기 때문이지요.

식자재를 어디서 어떻게 사야 하는지, 요리할 때 쓴 식기류는 언제 씻어야 하는지, 더러워진 가스레인지와 후드는 언제 청소하는지, 배수구의 음식물 쓰레기는 언제 치워야 하는지….

잘 모르거나 아는데도 실행에 옮기지 않는 경우가 많을 것입니다. 이처럼 아홉 가지 살림 항목 중 육아를 제외하면 1인 가구라도 누구나 매일 해야 하는 중요한 일입니다. 1인 가구가 아니라면 가족 구성원이, 조화롭게 살림을 해 나가는 것이 이상적이겠지요.

살림은 누구나 잘 알고 있을 것 같지만 사실 오래 살림을 해 온 분들도 잘 모르는 경우가 많습니다. 그래서 살림을 영역별로 정리한 '살림 안내서'를 쓰게 되었어요.

만약 아홉 가지 살림 영역 중 한 가지라도 소홀히 한다면 가정의 행복에 균열이 생길지 모릅니다. 제 책이 이런 균열을 잘 붙여주는 접착제 같은 역할을 했으면 합니다.

또 살림을 같이 하며 잘 살아가고 있는 경우라면 더 단단한 가정을 만드는데 도움이 되는 책이길 바랍니다.

저는 10년 넘게 살림에 대해 고민하며 공부하고 유튜브 '장끼남'(장갑 끼는 남자) 채널을 통해 30가구에 방문해 짧게는 2일, 길게는 15일 가량 집안 정리정돈과 살림을 돕는 컨텐츠를 만들었습니다. 60대 부모님 댁부터 20대 갓 독립한 세대까지 다양한 분들을 만났습니다.

또 여러 곳의 가족센터에서 살림 강의를 한 경험을 갖고 있습니다. 소방대원으로 일하고 유튜브 운영을 하며, 매일 한 시간, 일년간 한줄 한줄 써 내려갔습니다.

제 이야기가 잔소리로 느껴질 수 있지만 살림을 잘 하면 여러분의 삶은 크게 변화된다고 생각합니다! (채널 구독자 분들이 제 잔소리를 들으며 정리도 하시고 살림도 더 들여다본다는 댓글을 많이 주십니다) 누구라도 읽을 수 있게 구성해보았으니 가족과 공유할 수 있는 책이 되길 바랍니다.

마지막으로 세상을 바라보는 남다른 시야를 가질 수 있도록 길러주신 어머니께 진심으로 감사드립니다. 쉬는 날 놀러 가고 싶은 마음을 접고 저를 도와준 사랑하는 아내 서정이, 퇴고 작업을 도와주신 장모님과 가족들, 장끼남에게 늘 응원을 보내주는 구독자 여러분, 하늘에서 지켜보고 계실 아버지께도 감사를 전합니다.

이 책이 막막한 살림을 헤쳐나가는 든든한 가이드가 되길 바라며, 매일 해야 하는 살림에 분명 도움이 될 거라 확신합니다.

"누군가가 대신 살림을 해 주기를 바라지 마세요. 내가 안 하면 반드시 누군가 그 몫을 하고 있습니다. 가정에서의 누군가는 내 가족입니다."

이 책을 읽으면 좋을 사람은?

열두 가지 질문 중 하나라도 yes라고 답했다면
이 책을 읽어보세요!

- ☐ 냉장고에 썩은 과일, 채소가 있나요?
- ☐ 화장실에 다 쓴 휴지심, 치약이 자주 쌓입니까?
- ☐ 화분은 많지만, 죽은 것들이 대부분인가요?
- ☐ 여러 가방에 물건이 다 들어있나요?
- ☐ 세탁물이 쌓여서 세탁실에서 냄새가 납니까?
- ☐ 소파, 의자, 침대 중 한 곳이라도 옷이 방치되어 있습니까?
- ☐ 분리배출 기준을 몰라 쓰레기가 방치되어 있나요?
- ☐ 외출이 귀찮아서 인터넷 쇼핑으로만 장을 보고 있나요?
- ☐ 공과금, 카드값, 보험료 등이 언제 얼마나 나가는지 모르나요?
- ☐ 가족 건강을 관리하기는커녕 내가 짐이 될 것 같은 생각이 드나요?
- ☐ 육아, 살림 비중이 한쪽으로 극명하게 치우쳐 있습니까?

차례

PART 1 살림 1영역 정리

PART 2 살림 2영역 청소 살림 3영역 분리배출

PART 5 살림 8영역 건강 관리 살림 9영역 육아

who is 장끼남

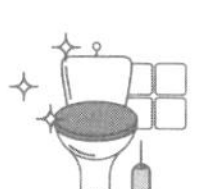

장끼남, 살림에 눈뜨기까지

왜 공짜로 남의 집을 청소하고 정리해주나요?

30대 남자가 어떻게 정리정돈에 관심을 갖게 되었나요?

소방구급대원인데 살림 강의를 하는 이유는 무엇인가요?

간호사인데 소방공무원이 된 이유는 무엇인가요?

장끼남 채널은 어떻게 시작하게 되었나요?

제가 자주 듣는 질문입니다. 본업은 간호사이자 소방구급대원. 부업은 살림 강사이자 남의 집을 공짜로 청소하고 정리해주는 '장끼남' 유튜브 채널 운영자. 누가 들어도 특이한 이력이기 때문이겠지요.

강원도 고성군 거진읍을 아시나요? 제 고향 어촌마을입니다. 아버지는 문어잡이 일을 하셨는데 풍족하진 않았지만 크게 부족하지도 않았습니다. 큰 문어를 잡은 날, 자전거를 사 주셔서 행복했던 기억도 납니다.

하지만 그런 날이 계속되진 못했습니다. 2000년 4월 7일 고성에서 초대형 산불이 났습니다. 아버지는 뒷산에서 산불 진화를 돕다 굴러 내려오는 바위에 다리가 골절되고 말았습니다.

이후 오랜 시간 아버지는 일을 할 수 없게 되고 급기야 알코올 중독에서 벗어나지 못했습니다. 초등학생이었던 저는 처음으로 '가난'이 무엇인지 실감하게 되었습니다. '기초생활수급자'라는 단어도 알게 되었습니다.

급식과 우유를 무료로 먹고 의료비도 지원받았습니다. 뿐만 아니라 읍사무소 봉사단체에서 도배도 해 주는 등 중학생이 될 때까지 기초생활수급자로 살며 많은 도움을 받았습니다.

참 막막했던 우리 가족에게 손을 내밀어 준 이들에 대한 고마움을 갖게 되었지요. 그러면서 언젠가 다른 사람들에게 도움을 주고 싶다는 생각도 하게 되었습니다.

그런 상황에서도 아버지는 TV를 보다 우리보다 힘든 사람을 도와야 한다며 ARS 전화를 걸어 2천 원을 보내곤 했습니다. 돈이 많아야만, 시간이 많아야만 누군가를 돕는 건 아니라는 것을 아버지에게 배운 셈입니다.

그래서일까요? 저는 지금도 '서로 돕고 사는 세상'에 대한 꿈이 있습니다.

아버지는 자주 병원에 입원을 해야했고 가까이에서 간호사를 지켜보며 처음으로 하고 싶은 일이 생겼습니다. 당시 공부와 좀 멀어진 상황이었는데 간호학과를 가고 싶은 마음에 공부를 했고 고등학교 2학년에 올라가며 처음이자 마지막으로 장학금을 받기도 했습니다.

그렇게 공부에 재미를 붙여나갔고 마침내 간호학과에 입학하게 되었습니다. 간호학과에서 건강한 일상을 이어나가는데 감염관리, 위생이 얼마나 중요한지 배우게 되었지요.

그러다 입대 후 본격적으로 정리정돈에 눈을 뜨게 되었습니다.

군대에서는 일과의 시작과 끝이 청소, 정리정돈이었습니다. 침구를 칼각으로 정리해야 했고, 일과가 끝나면 각자 담당 구역을 청소했습니다. 청소, 정리정돈을 루틴화하는 삶을 처음으로 군대에서 접한 겁니다.

또 휴가를 나가면 생활비도 벌고 집안일도 해야 하는 어머니를 도와 빈 병을 모아 동네 슈퍼에 가져가는 것이 일과 중 하나였죠. 어머니의 짐을 좀 덜어드릴 방법이 없을까 고민하다 당장 할 수 있는 일은 '살림을 나누는 일'이라는 생각이 들었습니다.

또 군대에서 심현주 작가의 《까사마미식 수납법》(절판)을 알게 되었습니다. 정리수납의 중요성에 대해 알게 되고 살림 전반에 관해 공부를 해 나갔습니다. 또 취사병에게 기본 칼질부터 기초 요리도 배웠습니다.

군에서 쌓은 지식과 경험으로 부모님께 음식을 만들어 드리고 집안의 불필요한 물건도 하나하나 정리하기 시작했습니다. 그런데 하나밖에 없는 아들이 군 휴가를 나와서 집안 정리를 했을 때 부모님이 좋아하셨을까요?

아버지는 '남자는 주방에 있는 게 아니'라며 나무라기도 하셨었죠. 어머니도 취사는 안 되고 보온만 되는 전기밥솥을 버리지 말라고 말리셨지만 정리정돈을 공부한 제 눈에는 '폐기물'로 보였습니다.

그때 자신있게 말씀드렸어요.

"시대가 달라졌어요. 남자도 살림해야만 하는 시대입니다, 아니 누구나 살림할 줄 알아야 합니다."라고요.

집 정리를 한 후 좋아하시는 부모님을 보며 확실히 느낄 수 있었어요. 살림을 잘하게 되면 미래의 아내와 자녀에게 사랑을 듬뿍 줄 수 있는 아버지이자 남편이 될 거라는 걸 말이죠.

그 사이 아르바이트와 봉사 활동을 하며 '살림'에 대해 깨닫게 된 순간이 많았습니다.

- 18살 요양원 봉사활동 : 손걸레를 제대로 세탁하는 방법을 배웠어요.
- 19살 피로연 아르바이트 : 밑반찬을 정갈하게 두면 심미적 효과가 있어 상차림이 업그레이드된다는 것을 배웠어요.
- 20살 편의점 아르바이트 : 선입선출 시스템을 처음으로 배웠어요. (유통기한이 얼마 남지 않은 물건을 손님의 손에 먼저 닿는 곳에 둬야 해요)
- 20살 피시방 아르바이트 : 보이는 것만 청소하는 것이 아닌 잘 안 보이는 곳도 닦아야 한다는 것을 배웠어요. (특히 싱크대)
- 21살 공장 아르바이트 : 먼지가 많은 환경에 오래 있으면 콧속이 까매진다는 것을 알았어요. (청소할 때는 마스크를 반드시 써야 합니다.)
- 22살 스키장 시즌권 배부 아르바이트 : 정리된 환경에서 일처리가 더 수월하다는 것을 배웠어요. (ㄱㄴㄷ순처럼 정해진 순서를 만들어 정리해야 합니다.)
- 24살 에버랜드, 캐리비안 베이 아르바이트 : 알코올 소독제가 청소에 무척 유용한 아이템임을 알게 되었어요.
- 24살 모델하우스 창고 정리 아르바이트 : 불필요한 물건을 버리기만 하면 어떤 공간이든 나머지 물건 정리가 수월하다는 것을 배웠어요.

- 25살 카페 아르바이트 : 재고 관리의 중요성을 배웠어요.(원두, 컵, 빨대 등 소모품 여유분을 창고에서 미리 꺼내놓는 것은 다음 근무자에 대한 배려예요.)
- 25살 도로교통공단 봉사활동 아르바이트 : 도움이 필요한 가정을 가정 방문해서 살림을 돕는 일이 기대 이상으로 보람찬 일임을 깨닫게 되었어요.(교통사고로 거동이 불편한 분들을 위해 주방 청소, 화장실 청소, 세탁물 정리 등 집안 살림을 도와드렸어요. 이때의 경험이 '장끼남' 유튜브를 하게 된 큰 이유입니다.)

대학을 졸업하고 국제성모병원 응급의료센터에서 일하게 되었고 간호사 3년 차가 될 무렵 새로운 고민이 시작되었습니다. 오른쪽 손목 인대가 파열되었는데 재활하는 동안에 다른 부서로 옮겨야 한다는 것이었습니다.

군 복무 당시 총상환자를 처치 후 헬기로 이송한 경험으로 '응급실 간호사' 꿈을 갖게 되었는데 말이지요. 수간호사는 각 부서의 어머니 역할이자 간호사의 꽃으로 특히 응급실 수간호사를 꿈꿔왔기에 고민이 이만저만 아니었습니다.

그러던 중 응급실에 환자를 이송하던 소방공무원 구급대원을 통해 간호사 경력으로 소방공무원 구급대원에 도전할 수 있다는 것을 알게 되었지요. '거리 위의 응급실'로 불리는 소방공무원 구급대원은 굉장히 매력적이었습니다. 시험에 응시하려면 병원 근무 2년 이상, 1종 운전면허증이 필요했고 바로 운전면허학원, 독서실에 등록했습니다. 열심히 준비한 끝에 다음 해 공무원 시험에 합격!

소방공무원이 되기 이전, 간호사로서 평생 잊을 수 없는 기억이 있습니다. 아버지의 건강이 악화되어 속초의료원에서 치료할 수 없을 정도가 되었고 신규 간호사로 일하던 국제성모병원으로 모시게 되었어요.

숨쉬기 힘들다, 배가 고프다, 빵이 먹고 싶다고 하셨습니다. 며칠 동안 중환자실에서 치료를 받았지만 결국 돌아가셨습니다. 당시 간호학과 후배였던 여자친구에게 아버지의 부고를 전했고 그녀는 잊지 않고 장례식장에 빵을 사와 아버지께 올려드렸습니다. 아버지의 장례를 치르며 여자친구와 결혼해야겠다고 마음먹었던 기억이 납니다.

시간이 흘러 구리소방서로 발령을 받고 여자 친구 부모님께 결혼 허락을 구하기 위해 PPT를 만들었습니다. 가진 건 없지만 간호사로 생활하는 동안 악착같이 돈을 모았고 주거 계획, 10년간의 미래 계획 등을 태블릿 화면에 띄워 보여드리며 장인, 장모님께 설명해 드렸습니다.

2020년 결혼을 하고 신혼집으로 구리에서 전세를 구했습니다. 살림을 공부하다보니 안정적인 주거가 얼마나 중요한지 알고 있었기에 고정 지출비와 자산을 꼼꼼하게 계산해 드디어 아파트를 매매하게 되었습니다.

공무원 부부의 많지 않은 월급으로도 아파트를 매매할 수 있음을 알리고 싶어 즐겨보던 유튜브 'TV러셀'에 사연을 보냈습니다. TV러셀에 출연해 저희 집을 소개했지요. 유튜브를 해보라는 댓글도 달렸습니다.

유튜브 주제는 제가 좋아하고 지속가능성이 있어야 하기에 '청소, 정리정돈, 살림' 관련 콘텐츠로 마음먹고 '장갑 끼는 남자, 장끼남'을 시작했습니다. 첫 영상으로 청소 노하우를 담아 우리 집 화장실, 거실, 안방 청소 등의 영상을 올렸습니다.

그러던 중 같이 구급차를 타던 형이 집 정리가 어렵다며 하소연을 해 왔습니다. 그때 번쩍! 아이디어가 떠올랐습니다.

그렇게 지인과 선후배, 직장 동료들을 시작으로 '남의 집 청소, 정리정돈' 콘텐츠를 만들게 되었습니다. 그러다보니 구독자 분들 집까지 청소하는 등 점점 범위가 넓어지게 된 것이죠.

장끼남 채널과 정리정돈 청소업체와 차이점이 있다면 집주인과 함께 며칠 동안 청소, 정리정돈을 함께 한다는 것! 집주인이 직접 참여하기 때문에 자신을 객관화 할 수 있는 시간을 갖게 됩니다.

스스로를 냉정하게 파악하지 못하면 누군가가 정리정돈을 해주더라도 단시간에 원상복구(?) 되어버릴 확률이 아주 높습니다.

남의 집 청소와 정리정돈을 도우며 보람차게, 재미있게 유튜브 활동을 하던 중 '정리마켓' 채널에서 '전국살림자랑'(살림의 찐 고수분들이 출연하는 코너) 섭외가 들어왔고 살림에 대한 철학을 이야기하는 기회를 가지게 되었습니다. 그때 연이 닿아 까사마미 심현주 작가님과도 영상통화도 하게 됐고, 직접 뵙기도 했습니다. 참 신기한 인연이죠?

'정리마켓'을 시작으로 '집터뷰', 'MBC 생방송 오늘아침', 'KBS 생생정보' 등에서도 연락이 왔습니다. 본업이 있음에도 살림에 관심이 많은 90년대생 30대 남자, 남의 집 청소를 공짜로 하는 흔치 않은 콘텐츠 등의 이유로 연락을 주셨다고 합니다.

여러 채널과 방송에 출연하면서 '살림'이 얼마나 중요한지, '정리정돈', '청소'가 얼마나 필요한지 이야기하게 되었어요. 자신의 손으로 살림, 즉 집안일을 하지 않으면 반드시 다른 사람이 자신의 몫을 대신하게 된다는 것을요.

그 누구든 자신이 거주하고 있는 공간에서 일어나는 일을 잘 처리할 수 있는 것이 바로 '살림력'이라고 생각해요.

저는 함께 사는 이를 배려하며 살림을 해야 함을 주로 이야기하고 있습니다. 가정 살림을 시작으로 서로를 위한 작은 배려를 실천한다면 사회에서도 타인에 대한 배려심이 자연스레 몸에 스며들지 않을까요?

다들 바쁘게 앞만 보며 살다보니 이런 점을 모르는 분이 많은 것 같아, '살림'의 중요성을 알릴 기회가 생기면 무조건 응했고 2023년 7월 마포구 가족센터에서 기혼 남성을 대상으로 '맞살림' 강의를 해보지 않겠냐는 연락이 왔습니다.

의무적으로 들어야하는 단체 교육이 아닌 자발적으로 신청한 분들이라 중간 중간 질문도 많았고 초롱초롱한 눈망울로 경청해 주었습니다.

이후 서초구, 양주시 가족센터에서도 살림 강의를 진행하게 되었고 앞으로 수도권의 가족센터에서 전부 강의를 하겠다는 야심찬 목표도 갖게 되었습니다.

장끼남 채널을 시작한 지 어느덧 2년이 넘어가고 있습니다. 구독자 1천 명을 목표로 했던 것을 훌쩍 넘어 구독자 1만 명이 됐습니다. 남의 집 정리 정돈 영상을 찍으며 다양한 사람을 만나 다양한 경험을 했습니다.

그중에는 돈을 주고도 살 수 없는 배움도 있었습니다. 임산부 댁에 방문하여 청소, 정리정돈을 했고 마지막 날 편지를 받았습니다. 편지에는 임산부 혼자서 밥해 먹기도 힘들고, 혼자 1인분을 배달해 먹기도 어려웠는데 같이 밥을 먹을 수 있어서 좋았다고 적혀 있었습니다.

그날의 편지로 아내가 임산부였던 시절에는 가능하면 식사를 꼭 함께하기 위해 노력했지요. 이런 경험 외에도 다른 직업을 가진 사람들과 이야기를 나눌 수 있어 좋았고, 저의 부족한 점도 알 수 있어서 좋았습니다.

이 책에 담은 노하우가 살림에 대해 더 알고 싶은 전국 팔도 누구에게든 전달되기를 바랍니다. '맞벌이'가 흔하게 쓰이는 말이 됐듯이 '맞살림'이라는 말이 흔한 말이 될 때까지 다양한 방법으로 알리고 싶습니다.

★★★★★
“내가 해줄게, 넌 걱정 마”가 아니라
“할 수 있어요. 내가 도와줄게 같이 해요.”라는 점이 좋아요.
상냥함과 단호함이 묻어나는 솔루션! 대박입니다.

★★★★★
정리 청소 영상인데 왜 눈물이 나죠?
장끼남 영상은 사랑이 느껴집니다.

★★★★★
눈에 보이는 곳을 청소해서
눈에 보이지 않는 영혼까지
말끔하게 청소정리정돈 하시는
장끼남 님 최고이십니다.

★★★★★
대화와 상담으로 정리정돈의 필요성을 알려주고
지속할 수 있는 방법도 알려줘서 알차고 재밌어요.

★★★★★
저도 배우자에게 급여 말고 무엇으로 더 행복하게
해 줄 수 있는지 생각해봐야겠어요.

— 장끼남 유튜브 채널 댓글 중에서

제가 저희집 정리정돈, 청소를 단시간에 끝내고
다른 집에 가서 정리정돈, 청소를 할 수 있는 이유는
물건을 적게 소유하고 있기 때문입니다.
자주 정리할 필요가 없고, 청소 시간도 적게 걸립니다.
내 발이 닿는 곳에 불필요한 물건이 없으니
집안에서의 동선이 최적화되어 있습니다.
더불어 물건의 위치나 수량을 속속들이 알고 있으니
중복 소비를 하지 않게 됩니다.

살림

시대가 달라졌다, 살림을 배우자

요즘 50, 60대와 30, 40대는 큰 차이가 있습니다. 50, 60대는 주로 아버지가 경제활동을 하고 어머니는 살림을 했지요. 이제는 달라졌습니다. 대부분 맞벌이를 하고 있습니다. 그런데 맞벌이라 힘들다는 이유로 아무도 살림을 하지 않는다면 어떻게 될까요?

물론 부모님께 집안일을 부탁하거나 다른 사람에게 맡길 수도 있습니다. 하지만 좋은 생각은 아닙니다. 일찌감치 직접 살림을 해봐야 손에 익고 계속 발전합니다. 부모님께 부담을 드리기보다 이제 날개를 달아 드리는 자식이 되어야 하지 않을까요?

요즘 30~40대의 가정에는 누군가가 해야 했던 '살림'의 담당자가 없습니다. 하지만 매년 베스트셀러에 오르는 《트렌드 코리아 2024》를 보면 과거에 보기 드물었던 육아 마인드를 갖춘 '요즘 남편, 없던 아빠'들이 속속 등장하고 있다고 합니다. 일부의 경우지만 부부가 함께 '살림 담당자'가 되고 있는 것이지요.

저는 2011년부터 살림에 대한 공부를 하며 정리, 청소, 세탁, 분리배출, 장보기, 요리, 돈 관리, 건강 관리, 육아 아홉 가지 영역으로 정리해보았습니다. 아홉 가지를 다 잘 하면 좋겠지만 무척 이상적인 목표입니다.

아홉 가지 중 좋아하고 스트레스를 덜 받으며 할 수 있는 영역을 조율해 보면 어떨까요? 참고로 제 아내가 좋아하는 것은 세탁, 요리, 장보기입니다.

시대가 달라졌습니다. '살림력'도 스펙인 시대입니다. 아홉 가지 항목 중 많은 것을 담당해서 살림을 좋아하는 배우자이자 부모가 되어 보세요. 그만큼 배우자와 자녀의 사랑을 받을 수 있을 것입니다.

'맞벌이'가 대세가 된 만큼 '맞살림'이 필요한 시대입니다. 제가 살림을 아홉 가지 항목으로 나눈 이유가 있습니다. 가정 역시 회사처럼 체계적인 기준이 필요합니다.

회사 생활을 해본 분은 알 것입니다. 회사에는 많은 부서가 있고 각자 위치에 맞게 일하고 있습니다. 즉 회사와 비슷한 가정에서 아홉 가지 영역을 '혼자서'는 할 수 없습니다.

회사는 '이직'이라는 선택지가 있지만, 가정에서 이혼은 할 수 있어도 이직은 할 수가 없다는 것을 명심해야 합니다.

살림에 대한 생각은 어디에 가치관을 두고 있느냐에 따라 사람마다 다릅니다. 살림을 배우는 것이 인생의 중요한 가치라고 생각한다면 이 책뿐만 아니라 살림을 세분화하여 다룬 다양한 책을 읽어 보는 것을 권합니다.

살림에는 정답이 없기에 많은 사람의 의견을 보고, 들으며 맞는 길을 찾아야 합니다. 제가 살림의 교과서라고 생각하는 심현주 작가의《까사마미식 수납법》을 추천합니다. 또 돈의 중요성을 절실히 깨달아야 하기에 신진상 작가의《돈 공부》를 참고해도 좋습니다.

살림하기 좋은 환경을 만들어야 한다

우선, 집을 손님의 시선으로 바라보세요. 그리고 물건이 많은지 적은지 냉정하게 판단해보아야 합니다. 보통 살림을 어려워하는 분들의 집을 보면 대체로 짐이 많습니다. 다시 말하면 짐이 많으니 살림하기 더 어렵습니다.

제가 저희집 정리, 청소를 단시간에 끝내고 다른 집에 가서 정리, 청소를 할 수 있는 이유는 여기에 있습니다. 물건 자체를 적게 소유하고 있기에 자주 정리할 필요가 없고, 청소 시간도 적게 걸립니다. 또한 물건이 많지 않으니 필요한 물건을 꺼내는 시간도 최소화할 수 있습니다.

뿐만 아니라 내 발이 닿는 곳에 불필요한 물건이 없으니, 집안에서의 동선이 최적화되어 있습니다. 더불어 물건의 위치나 수량을 속속들이 알고 있으니, 중복 소비를 하지 않게 됩니다. 물론 세부적인 잡동사니의 수량까지 파악하지는 않습니다.

그 정도는 강박이라고 생각하기에 '식자재가 이만큼 있구나. 소모품이 이만큼 있구나' 정도를 머릿속에 넣어둡니다.

물선이 많은 집에 가 보면 대체로 최근에 산 물건이 어디 있는지도 모릅니다. 최근에 산 물건의 위치도 모르는데 기존 물건의 위치는 더 모를 것입니다.

주방 정리청소 전의 모습입니다.

새 물건이 빛을 발하려면 기존의 헌 물건을 내보낼 필요가 있습니다.

살림하기 편한 집을 원한다면 근본적으로 가지고 있는 물건을 줄여가며 살림하기 좋은 환경을 만들어 보세요.

주방 정리청소 후, 거실에서 바라본 주방 모습

짐을 줄이고 살림하기 편한 환경을 만들었습니다.

살림에도 순서가 있다

살림을 하려면 우선순위를 정하는 것이 중요합니다. 누구나 하루 24시간이라는 한정된 시간을 갖고 있기에 1순위를 먼저 처리하는 요령이 필요하지요.

살림 못 하는 사람의 특징은 4, 5순위로 해야 할 것을 먼저 하고 있다는 것입니다. 회사에서 사회에서 업무 처리 능력이 뛰어나다는 건 어떤 스타일을 말하는 것일까요?

반복되는 일상 업무에는 늘 돌발적으로 크고 작은 변수가 존재합니다. 일상 업무를 잘 수행하면서 큰 변수를 우선하여 처리하는 사람이 일 잘한다는 이야기를 듣지 않을까요?

집안 살림도 마찬가지입니다. 예를 들어 1번부터 10번까지 늘 하는 살림 루틴이 있습니다. 중간중간 끼어드는 변수를 매끄럽게 해결하는 능력자도 있지만 하나의 작은 변수만 생겨도 루틴을 실행하는 것을 어려워하는 사람도 있습니다.

변수는 늘 예상치 못하게 일어나지요. 그래서 평소 1~10번의 살림을 효율적으로 수행할 수 있어야 합니다. 살림을 '일상화'하고 우선순위를 파악하는 연습을 해 보세요.

다음 중 1순위로 해야 할 것은 무엇인가요?

❶ 현관 센서 등이 안 들어온다.
❷ 안방 등이 깜빡거리고 있다.
❸ 화장실 매입등 2개 중 1개가 안 들어온다.

위 3개 항목을 인지하고도 냉장고 위 먼지를 닦는 분이 있습니다. 그러면서 시간이 없다고 합니다. 저라면 안방 등을 1순위로 교체할 것입니다. 현관은 잠시 지나가는 공간이기에 2순위라고 볼 수 있지요.

화장실 매입등은 2개 중 1개는 켜지니까 일단은 두고 빠른 시일 내에 교체할 것이기에 이것도 2순위입니다.

그렇다면 다음 중 1순위로 해야 할 것은 무엇인가요?

❶ 3일 전 청소기로 바닥 청소를 했지만 머리카락이 벌써 떨어져 있다.

❷ 화장대 위를 청소한지 오래되어 먼지가 많이 쌓여있다.

청소기로 바닥을 비는 것이 1순위일까요? 화장대 위 먼지 제거가 1순위일까요? '하기 편한 청소'만 하는 사람의 특징은 청소기만 하루에 몇 번씩 돌립니다. 기타 공간의 더러움은 관심을 갖지 않고 모른척 합니다.

만약 먼지 쌓인 화장대를 그대로 두고 방바닥만 청소한다면 화장대 위의 먼지가 쌓이고 쌓여 방바닥으로 굴러떨어질 것입니다. 먼지 뭉치를 본 적 있나요? 그곳에서 쌓이고 쌓인 먼지입니다.

사실 바닥 청소는 누구나 할 수 있습니다. 초등학교에서도 하는 것이 바닥 청소이기에 어려운 것이 없지요. 하지만 하기 꺼려지는 공간부터 1순위로 청소해야 효율적입니다.

배우자에게 바닥을 청소기로 돌리라고 요청한 뒤 평소 하기 꺼려졌던, 화장대 위를 청소하는 방법도 있습니다. 1, 2순위 둘 다 하고 싶다면 더 쉬운 쪽 청소를 배우자에게 맡겨보세요.

다음 중 1순위로 해야 할 것은 무엇인가요?

❶ 밥솥에 음식물이 묻어 있고 기름때가 있다.
❷ 전자레인지에 음식물이 묻어 있고 기름때가 있다.
❸ 에어프라이어에 음식물이 묻어 있고 기름때가 있다.

주방 가전 청소에는 1, 2순위 차이가 크게 없습니다. 한 달에 한 번 또는 분기별 한 번 같이 하는 것이 좋습니다. 물론 주방 가전의 위치가 적절치 않아 자주 더러워지는 경우도 많습니다.

특히 화구 근처에 밥솥, 전자레인지, 에어프라이어 등이 있다면 요리할 때마다 음식물이 튀고 기름진 환경이 되어 먼지가 내려앉기 쉽습니다. 그렇다면 위치부터 바꾼 후 청소하는 것이 낫습니다.

독박살림? NO!
살림은 같이 해야 한다

한 사람이 가정을 힘겹게 이끌어 간다는 생각이 든다면 그 가정의 행복은 지속하기 힘들 것입니다. 우리의 삶은 롤러코스터와 비슷한 점이 많습니다. 천천히, 평탄하게 굴러갈 때도 있지만 끝없이 빠르게 내려가는 날도 있지요.

끝없이 빠르게 내려가더라도 함께 손 잡고 갈 가족이 있다면 덜 외로울 것입니다. 가족이란 슬픔도 기쁨도 함께하는 존재가 아닐까요?

"나는 돈을 버니까 너는 살림해"라고 이원화해버린다면 대화가 단절되기 쉽습니다. 부부가 함께 대화를 나눌 수 있는 시간은 많지 않습니다. 살림을 같이 한다면 자연스레 대화를 나눌 수 있습니다.

식사 후 설거지와 뒷정리를 같이하며 대화를 나눈다면 얼마나

아름다운 모습인가요? 혼자서 모든 것을 감내하지 않아도 됩니다. 많은 것을 함께 할수록 소통도 원활해집니다.

설거지를 시작으로 집안일을 함께하면 자연스레 의견도 공유하게 됩니다. "청소기 배터리가 방전되어 가는데 배터리만 사서 바꿀까, 조금 더 좋은 제품으로 바꿀까?" 물건 하나를 사도 대화하며 의견을 주고받는 것이지요.

배우자와 업무 분담을 하는 자체가 스트레스라고요? 혼자 감내하는 것이 편하다고요? 만약 여러분이 아파서 한 달간 병원 생활을 해야 한다면 가정은 누가 이끌어 갈까요?

극히 예외적인 경우를 제외하곤 살림은 함께 하는 것이 좋습니다. 30가구에서 촬영하고 가족센터에서 강의하며 느낀 것은 '같이 살림하며 어려움에 대해 대화해 나가는' 맞살림이 궁극적으로 더 쉽다는 것입니다.

살림책도 읽어 보고 살림 관련 영상도 보고 여러 방법으로 시도해 보아도 도저히 안 된다면 어쩔 수 없습니다. 살림 못 하는 것에 스트레스를 내려놓으세요.

운동, 공부도 노력해도 안 되는 경우가 있듯, 배우자에게 사실대로 이야기하세요. 하지만 분담하여 협업하면 됩니다. 스스로 포기해버리고 상처를 입기 전에 배우자에게 꼭 도와달라고 하세요.

물론 배우자가 뒤처지고 있을 때 눈치 채고 끌어당겨 주는 경우도 있지만, 뒤도 돌아보지 않고 먼저 가버리는 경우도 있습니다.

여러분이 그런 배우자와 함께하고 있을지도 모릅니다. 그럴 땐 소리치세요.

"앞만 보지 말고 뒤를 돌아봐! 난 걷기도 힘들어! 걸을 수 있을 때까지만 부축이라도 해줘!"

배우자가 살림에 관심이 없다면?

이상적인 배우자를 만났어도 살림의 기준은 100% 일치할 수 없습니다. 살림의 우선순위를 따지는 데 있어 서로 다를 수 있습니다. 나는 청소와 정리정돈을 1, 2순위로 꼽지만 배우자는 건강관리와 돈 관리를 더 우선할 수 있습니다.

배우자에게 나와 똑같은 기준을 요구할 수는 없어요. 저는 살림 자체가 재밌기 때문에 더 기준을 높일 수도 있습니다. 살림에 모든 것을 쏟을 수도 있어요. 하지만 제 기준과 아내의 기준을 더해 나눈 중간지점을 유지하고 있습니다.

배우자와 살림 기준이 정반대라고 해도 좌절하지 마세요. 살림에 집중하다보면 일단 여유가 생깁니다. 주말에 외출할 일이 있는데 그전에 살림을 먼저 해놓는다면 다녀와서도 여유가 있겠지요.

아내를 위해 머리핀의 제자리를 화장실 한편에 만들었더니 정리가 쉬워졌습니다.

그 여유와 기쁨을 배우자도 간접적으로 느끼게 됩니다. 이런 모습을 꾸준히 보인다면 배우자도 함께 맞춰나가게 되고 곧 동참할지도 모릅니다.

건강 관리를 우선순위에 두지 않던 배우자가 언젠가 같이 운동할 가능성이 있는 것처럼 꼭 같아질 순 없어도 가는 방향이 비슷해질 수는 있습니다.

배우자와 내가 다르다고 스트레스만 받지 말고 여러분이 먼저 행동에 옮겨보세요. 만약 배우자가 변하지 않더라도 그 스트레스에서 벗어나고 있음을 느끼게 될 것입니다.

살림에 집중하고 재미를 느끼다보면 결과적으로 혼자서도 살림하기 쉬운 환경으로 변하니까요.

살림은 길게 쉬면 더 힘들어진다

살림을 하루 정도 쉴 수도 있겠지요. 하지만 긴 휴가를 제외하고는 며칠 동안 살림을 쉬면 오히려 더 힘들어집니다. 일정 기간 살림을 쉬는 것이 반복되면 긴 시간 동안 '하지 않는 것'이 습관이 되어 버립니다.

저 역시 쉬고 싶을 때가 있습니다. 밤새 출동 나가며 힘든 일을 하고 돌아왔을 때는 육체적, 정신적으로 피곤해져서 하루 정도는 푹 쉽니다. 물론 기본 살림은 합니다.(설거지, 세탁물 정리, 정리정돈)

또한 다른 사람 집을 청소하고 정리해주는 '장끼남' 유튜브 활동도 녹록치 않습니다. 마음의 여유가 없고 공간에 여유가 없는 분들과 함께하다 보니 간혹 힘들 때가 있습니다.(물론 오히려 저에게 즐거움을 주시는 분도 많습니다. 그러기에 유튜브 활동을 지속할 수 있습니다) 그럴 때는 마음의 여유를 위해 푹 쉽니다.

하지만 살림은 하루 정도 쉴 수 있지만, 그 이상은 쉬지 않으려고 합니다. 운동 역시 짧게 하더라도 하루 이상 쉬지 않으려고 하지요.

여행을 다녀와서 집 상태를 보면 어떤가요? 특히 물을 쓰는 공간인 욕실과 주방은 오염 상태가 눈에 띄게 드러나 있지요. 저 역시 여행을 다녀온 이후에는 얼른 청소하고 싶은 마음이 안 생깁니다.

그렇기에 진정한 살림 고수는 더러워지기 전에 미리 청소, 정돈을 해서 오히려 손이 덜 가도록 유지합니다.

OO 때문에 살림 못 한다는 건 핑계다

저도 과거에 친구들과 노느라, 게임을 하느라(코피 흘려가며 게임을 한 적도 있습니다) 술 먹느라 살림에 관심이 없었어요. 살림을 '못' 하는 것이 아니라 관심 분야가 다른 곳에 쏠려 '안' 했던 것이죠. 못한다는 마음을 '할 수 있다'라고 전환하고 습관화하면 가능하다는 것을 직접 경험했습니다.

제가 자란 고성 본가에는 에어컨이 없었어요. 에어컨 청소를 할 수 있을까? 의문이 들었지만 유튜브를 참고하며 에어컨을 분해하며 청소해봤고 이후 매년 여름 전후 에어컨을 직접 청소하고 있습니다.

이런 저런 이유로 살림을 못 한다는 분이 많습니다. 대표적 이유로는 시간이 없다고 하죠. 하루 24시간은 누구에게나 공평합니다.

누군가는 늘 시간이 부족하다고 합니다. 하지만 이야기를 나누다 보면 시간 부족이 아닌 경우가 많더라고요.

특히 시간이 없어서 살림 못 한다는 건 자기 합리화입니다. 예를 들어 스마트폰으로 블로그, 인스타그램, 유튜브, 게임 하는 시간을 계산해 보세요.(물론 정말 시간이 없어서 못 하는 분도 있지만 극소수입니다)

강의를 다니며, 유튜브 촬영하며 살림이 어렵다는 분들과 대화해보면 공통으로 무언가의 취미에 시간을 쏟는 경우가 많았습니다.

과연 못하는 것일까요? 안 하는 것일까요?

자신을 제 3자의 시선으로 바라보세요. 남에게(배우자, 자녀) TV 보지 말라, 게임을 하지 마라 등의 잔소리를 하기 이전에 자신부터 되돌아봐야 합니다.

저 역시 유튜브를 부업이자 취미 삼아 하고 있지만 인스타그램은 인터넷 검색으로 들어갑니다. 인스타 앱을 습관적으로 누르지 않도록 불필요한 시간을 줄이는 저만의 방법입니다.

핑계를 대기 전, 살림에 관한 습관을 만들기 위해선 먼저 '나의 습관'을 파악해야 합니다. 저는 살림을 습관화하기 이전에는 주로 컴퓨터, 핸드폰 게임, 유튜브, 인스타, 웹툰 보는 것이 습관화되어 있었습니다.

하지만 컴퓨터 게임을 하기 전에 기본적인 집안일을 먼저 하는 습관을 들였고 유튜브 시청이 아닌 유튜브 업로드를 시작했습니다. 여러분도 원하는 삶을 살아가는데 필요하다고 생각되는 것을 습관으로 만들어보세요.

세네카의 "인간은 항상 시간이 모자란다고 불평하면서 마치 시간이 무한정 있는 것처럼 행동한다." 이 말을 꼭 기억해주세요.

이제는 맛살림이다

저는 한 명이 모든 것을 담당하는 '독박살림'보다 '맛살림'이 가족의 행복을 가져온다고 생각합니다. 한 명이 특출하게 살림을 잘 하지 않는 이상 혼자서 살림을 원활하게 하기 쉽지 않죠.

공부가 잘 안된다면 과외 선생님에게 도움을 받을 수도 있고 운동이 잘 안되면 PT 선생님께 도움을 받을 수도 있습니다. 일단 배우자에게 도움을 받아 보는 건 어떨까요? 같이 협력해 보는 것입니다.

살림을 잘 하는 데에 별다른 방법은 없다고 합니다. 운동과 공부도 마찬가지지만 기본적으로 '노력'과 '시간'을 투자해야만 합니다. 엄청난 방법과 비결이 있다해도 생각의 전환이 이뤄지지 않는다면 실천하기도 힘들겠지요.

통계를 보면 알 수 있듯 평균적으로 남편은 살림에 아주 적은 시간을 쓰고 있습니다. 일단 시간을 조금씩만 늘려도 배우자가 좋아하지 않을까요?

'나는 늘 바쁘고 힘들어'라고 생각해버리지 말고 가족의 기준으로 바라보고 살림에 쓰는 시간을 30분씩만 늘려보세요.

TV 보고 핸드폰 게임하고 골프, 친구, 모임 시간을 줄이면 됩니다. 그것 자체만으로도 '맞살림'의 시작입니다. 맞살림을 위한 몇 가지 팁을 말씀드릴게요. 물론 시간과 노력은 기본입니다.

(2019) 가정관리 + 가족 및 가구원 돌보기

가사분담 실태(10세 이상)
하루 24시간 기준 행동별 평균시간(요일 평균)
◆ 요일 평균 : 평일, 토요일, 일요일 등 모든 요일을 포함한 평균 시간
◆ 전체 평균시간 : 전체 집계대상자(특정행동을 하지 않은 사람 포함) 평균 시간
가정관리 : 자신의 가족 또는 가구의 가정생활을 유지 및 관리하기 위한 행동(음식준비, 세탁, 청소, 가정경영 등의 활동)
가족 및 가구원 돌보기 : 가족 또는 가구원을 (보수를 받지 않고) 신체적, 정신적으로 보살피는 일체의 행동
❖ 통계청, 생활시간조사, 2019

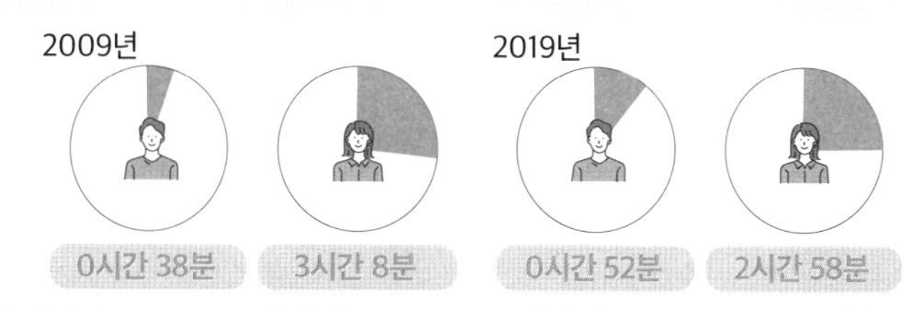

『출처: 통계청』

1. 회사에서 모든 에너지를 쏟고 방전된 상태로 오면 안 됩니다.

종종 방전될 수 있지요. 하지만 매일 그러면 안 됩니다. 또 다른 일터인 가정으로 가서 살림이라는 업무를 본다고 생각하면 됩니다.(초과 근무)

2. 돕는 게 아니라 협력하는 겁니다.

돕는다고 생각하고 있으면 안 해도 된다는 전제가 깔립니다. 회사에서는 내가 안 하면 후임자가 하거나 다른 사람이 할 수 있습니다. 하지만 가정 내에서는 내가 안 하면 배우자가 해야 한다는 것을 명심하세요.

3. 꼭 대화해야 합니다.(드라마를 본다든지 산책을 한다든지 같이 대화할 시간을 마련해야 합니다.)

대화가 잘 이뤄져야 '맞살림'에 대한 이야기도 할 수 있습니다.

4. 아홉 가지 영역의 살림을 분담해야 합니다.

배우자가 도저히 돈 관리, 요리를 못한다면 그 부분은 상대가 하면 되는 거죠. 결혼 생활은 사랑으로만 나아갈 수 있는 것이 아니기에 협력해야만 합니다.

누구나 맞살림을 해야만 합니다. 워라밸이란 일과 삶의 균형을 의미합니다. 즉, 회사와 가정에서의 균형을 잘 맞춰야 합니다. 한쪽으로 치우치는 시기가 있을 수 있지만, 그 시기가 오래가지 않기를 바랍니다.

살림에 공을 들이다보면 자연스레 현명한 소비뿐만 아니라 삶에서 무엇이 더 가치가 있는지를 생각하게 됩니다. 더불어 과소비를 줄이면서 경제적으로도 마음도, 또 공간도 여유있어집니다.

살림의 시작은 독립이다

살림이란 단순히 '집안일'을 말하는 것이지만 크게 보면 가정을 이끌어 가는 과정입니다. 보통 부모님과 살 때는 부모님이 가정을 이끌어 나가기에 자녀들이 살림에 큰 관심을 두지 않지요.

부모님과 살다가 첫 독립이 결혼 생활이라면 살림을 잘하기가 쉽지 않겠죠? (물론 예외는 있습니다) 저는 스무 살부터 독립하여 자취생활을 했기에 깨닫게 된 것이 많습니다.

일단 '집 나가면 개고생'이라는 말이 진리임을 알게 됐지요. 진짜 개고생의 시작은 독립이자, 자취입니다. 숨만 쉬어도 나가는 월세, 공과금, 식비…. 정신 차리고 살지 않으면 안 되겠다는 생각이 듭니다. 그때부터 살림의 시작인 것입니다.

집에서 생각 없이 쓰던 따뜻한 물, 전기, 가스 등이 그냥 쓰던 것이 아니라는 걸 알게 됩니다. 반지하에 산다면 햇빛 들어오는 집이 얼마나 좋았는지 알게 되고, 장마철에 현관에 물이 들어올지 모른다는 두려움도 겪게 되지요. 옥탑방에 살면 땡볕의 뜨거움을 알게 됩니다.

햇빛 들어오는 원룸을 구하고 월세를 최소화하기 위해서 전세금을 모아야 했고 부족한 자금을 충당하기 위해 대출이라는 제도에 관심을 두게 됐습니다. 대출금을 갚기 위해서는 돈을 더 절약해야 했습니다.

독립하게 되면 집이 깨끗한 이유가 부모님의 끝없는 관리 덕분이었음을 깨닫게 됩니다. 자취의 단점을 하나 들면 돈이 많이 든다는 것인데 또 그 비용을 지불하며 배우는 것이 아주 많습니다.

살림을 못 하는 사람의 공통점이 있습니다. 부모님이 살림을 다 해줬거나 부모님이 살림을 전혀 안 하셨거나, 결혼 전까지 독립(기숙사 생활 제외) 경험이 없다는 것입니다.

세상에 당연한 것이 없다는 것을 알고 싶다면 자취를 해보세요. 물론 돈을 벌면서 살림을 배울 수 있는 방법도 있어요. 아르바이트입니다. 돈도 벌 수 있고 취업을 대비한 사회생활을 배울 수 있으며 결혼 생활에 도움이 될 만한 팁도 얻을 수 있습니다.

어렸을 때는 공부만 잘하고 성적만 잘 나오면 부모님의 잔소리를 들을 이유가 없지요. 하지만 결혼하고 돈만 벌어오면 배우자의 잔소리가 없을까요? 물론 가정의 평화를 보장할 만큼 돈을 벌어 온다면 잔소리는 덜 들을 수도 있을 것입니다.

하지만 평범한 월급쟁이가 자유를 얻고 싶다면 구성원으로서 해야 할 일은 하고 자유를 이야기해야 하지 않을까요? 제가 유튜브 활동을 하고 자유롭게 친구를 만나는 것은 집안에서의 제 역할을 최대한 열심히 하기 때문이라고 생각합니다.

시대가 달라졌습니다. 돈으로 자유를 구할 수도 있겠지만 살림을 나눠하는 것으로도 자유를 누릴 수 있다는 사실을 기억해 두세요.

마이너스가 아닌 플러스 공간을 만들어라

집을 보면 +가 생각나세요? —가 생각나세요? 집이 —면 많은 것들이 —로 전염될 가능성이 있습니다. 배우자와 연애 당시에는 +기운이 컸을 것입니다. 그러니 결혼을 했겠죠?

—가 생각나는 분이라면 결혼 생활이 +에서 —가 되었다는 것인데, 이는 여러 이유가 있을 것입니다.

집이라는 공간을 +느낌으로 바꾸면 배우자와의 관계도 +로 조금씩 나아갈 수 있습니다. 기준을 알려드리겠습니다. 손님을 초대할 수 있을 정도면 +에 가깝습니다. 손님 초대가 꺼려진다면 —에 가깝습니다.

또한 '집은 쉴 수 있는 공간이다'라는 생각이 들면 +, 아니면 —의 공간에 가깝습니다.

힘든 회사 즉 —공간에서 퇴근하려던 참에 집마저 —공간이라고 느낀다면 일찍 들어오기 꺼려질 것입니다.

간혹 집이 —기운이 더 크고 회사가 +기운이 더 커서 집에 안 가려고 하는 사람이 있습니다.

시인 중에는 집 주차장에 도착했는데도 핸드폰 하다가 들어가거나, 약속을 만들어 일부러 늦게 들어가기도 한다고 합니다.

언제 들어오냐고 닥달하는 —의 배우자가 아닌 제 발로 뛰어 들어갈 수 있는 +의 환경을 만드는 배우자가 되길 바랍니다. 저는 기다리는 아내+, 거주 공간+이기에 퇴근 후 뛰어 들어가기도 합니다.

10

단일과목 100점이 아니라 평균 80점을 목표로 삼아라

살림에만 매달려 이리저리 시간을 쏟지 않는 이상 모든 것을 완벽하게 하기는 어렵습니다. 살림에는 청소, 정리, 세탁만이 아닌 아홉 가지 영역이 있으므로 균형있게 잘하는 것이 중요합니다.

아무리 청소, 정리정돈을 잘해 집이 깨끗하면 무슨 소용이 있겠습니까? 건강이 좋지 않다면 그 집은 다시 어질러지고 먼지가 쌓일 것입니다.

그래서 저도 밸런스 있게 살림하려고 주기적으로 자신을 되돌아보고 있습니다. 앞만 보고 달려가지 말고 좌, 우를 보기도 하고 뒤도 돌아보는 여유를 갖길 바랍니다.

살림에는 유연함이 필요합니다. 가정에서는 한 곳만 보고 달려가 거기서 100점을 맞는 것이 답이 아닙니다. 살림이라는 아홉 가지 분야 중 하나의 항목에서 95점을 100점으로 만들기 위해 노력과 시간을 들일 필요는 없다는 이야기입니다.

95점에서 만족감을 느끼고 70점인 다른 항목을 80점으로 끌어올리려는 노력과 시간이 필요합니다. '나는 육아를 누구보다 잘할 자신이 있다.'라고 가정해보겠습니다.

하지만 청소, 정리정돈이 안 되어 있고 주방에 곰팡이와 먼지가 쌓여 있다면 위생이 굉장히 떨어지겠지요? 시야를 넓혀 전반적인 환경을 봐야합니다.

한 가지 더 예를 들자면 여러분이 고소득자라면 돈 관리 면에서는 90점 이상이겠지만 건강 관리에 소홀하여 3대 성인병을 다 앓고 있다면 건강 관리에서는 점수가 낮다는 것입니다.

아홉 가지 살림 영역에서 평균 80점 정도의 균형 있는 삶. 저는 그것이 행복의 길이라고 생각하고 노력하고 있습니다.

살림은 우리 인생에 자연스럽게 스며들어야 합니다. 살림이 잘 안 된다는 분 중에는 너무 열심히 하다가 지쳤다는 경우가 종종 있습니다.

우리는 100m 달리기를 하는 것이 아니라 결승점이 보이지 않는 마라톤을 뛰고 있지요. 앞만 보며 달려가는 것이 아닌 주위를 둘러보며 천천히 나아가는 것이 중요합니다.

자신의 페이스에 맞춰 살림을 해야 평생 유지할 수 있으며 남이 빨리 간다고 해서 같이 빠르게 나아갈 필요는 없습니다. 자기만의 페이스를 찾기 위해 노력해야 합니다. 페이스를 찾았다면 거기에 맞춰 천천히 가길 바랍니다.

11

나를 위해서가 아닌 가족을 위해서 살림해라

"우리 집 살림이 엉망인 건 배우자 때문이다."라고 이야기하는 사람이 있습니다. 착각하지 마세요. 배우자 때문이 아니라 둘 다 문제일 가능성이 큽니다. 또는 여러분이 더 문제일 수도 있습니다. 둘 중 한 명이라도 살림을 잘 책임지고 있다면 살림이 되지 않을 리가 없지요.

공용공간을 보고 "여기가 유난히 더럽네요?"라고 이야기했을 때 대답하는 모습만 봐도 부부 사이를 유추할 수 있습니다.

부부 사이가 좋다면 "요즘 서로 일이 힘들고 여유가 없어서 신경을 쓰지 못했네요"라는 답변을 합니다.

부부 사이가 좋지 못하고 상대방 때문이라고 생각하고 있다면 대개 답이 비슷합니다. "거기는 남편(아내)이 청소하는 곳이에요"

이렇게 배우자에게 책임을 넘깁니다.

살림이 잘 안 되고 있다는 건 둘 다 살림에 대한 책임을 내려놓고 있을 가능성이 큽니다. 우선 다른 사람을 탓하지 말고 자신에게도 문제가 있다고 인정하고 해결법을 찾아 보세요. 배우자 탓만 하고 있으면 해결 과정이 순탄치 않거든요.

자신을 먼저 생각하고 가족을 생각하지 않으면 가족의 마음을 알 수 없습니다. 가족에게 지금 이 순간 무엇이 필요한지 알고 싶다면 이타적이어야 합니다.

가족에게 지금 돈이 필요한지 관심이 필요한지 함께하는 시간이 필요한지 생각해 보세요. 자취방에 혼자 살듯이 하지 마세요. 자취방이 아닌 가족이 있는 '집'이거든요.

뭐든 나를 위해 한다고 생각하면 쉽게 타협해버리고 집안일을 안 해버릴 가능성이 높아집니다. 샤워 후 '나를 위해서'가 아니라 '가족을 위해 뒷정리'해야 한다고 생각해보세요. 자동으로 샤워 후 간단한 청소, 정리정돈을 하게 될 것입니다.

나를 위해 샤워실을 청소한다고 생각한다면 '다음에 하지 뭐'라고 생각할지도 모릅니다. 집은 가족이 함께 쓰는 공간이기에 '나를 위해서가 아닌 가족 모두를 위해 살림한다.'라는 관점을 갖는다면 자연스레 집안일을 하게 됩니다.

이러한 관점은 회사에서 자영업에서도 동일하게 적용해볼 수 있습니다. 나만 아닌 직장동료도 생각해야 한다는 관점, 내가 아닌 손님을 생각하는 관점으로 바라봐야 합니다. 이 작은 차이가 다른 결과를 가져오지요.

군대에서 전우를 생각하라는 교관의 한마디, 소방학교에서 동료를 생각하라는 교관의 한마디, 에버랜드에서 일할 때 손님을 먼저 생각하라는 주임님의 말을 종합해서 만들어진 저의 관점입니다.

요즘 무자녀 부부, 비혼 등 여러 가지 가정의 형태가 있습니다. 제가 이야기한 살림의 아홉 가지 영역 중 육아를 제외하고 여덟 가지만 하는 가정의 형태가 늘고 있습니다. 무자녀 부부와 비혼은 살림에서 어떤 차이가 있을까요?

비혼인 사람은 아플 때 간호해 줄 배우자가 없기에 '건강 관리'에 더 비중을 둬야만 합니다.(응급실에서는 보호자가 없으면 진료가 제한됩니다) 무자녀 부부가 외벌이라면 '돈 관리'에 더 비중을 둬야만 합니다. 가정의 형태에 따라 아홉 가지 살림의 중요도는 달라집니다.

부모님의 살림을 도와드리자

유튜브 영상에 구독자의 이런 댓글이 달렸습니다.

"장끼남 유튜브 영상을 틀어 놓고 친정어머님 댁 살림을 종종 정리해 드렸는데 갑자기 어머님이 돌아가신 뒤, 시간이 지나고 집을 보러 오신 분들께 정리, 청소된 집을 '우리 엄마 이만큼 살림 잘 하셨다.'라고 보여줄 수 있어 참 다행이다"라고요.

구독자의 마음을 저는 알 것 같았습니다. 저도 외동이기에 어머니의 살림을 제가 아니면 도와줄 사람이 없습니다. 고가의 좋은 선물은 못 해 드리지만, 페인트칠, 전등 교체, 타일 선반 교체, 정리, 청소 등 제가 할 수 있는 것으로 어머니를 도와드리고 있습니다.

물론 주의해야 할 점이 있습니다. 무턱대고 부모님의 추억 물건을 버려서는 안 됩니다. 제 눈엔 필요 없는 물건이지만, 부모님에게는 평생의 추억이 담긴 물건일 수도 있습니다. 함께 정리하면서 과거의 추억을 미래에도 함께할 것인지에 관한 대화도 필요합니다.

살림에 관심을 가지면 인생에 큰 변화가 생깁니다. 살림을 통해 가족에게 좋은 영향을 미치면 가정의 분위기가 달라집니다. 인생을 조금 더 원하는 방향으로 살 수 있게 된다고 할까요?

쾌적하고 정리된 집에서 편안하게 쉴 수 없다면 마음에 여유가 없고 더 나아가 인생의 여유를 찾기도 쉽지 않습니다.

살림을 제대로 시작하면서부터 많은 변화가 있었습니다. 맞살림의 중요성을 알리기 위해 강의도 하고 누군가에게 도움을 주며 유튜브 활동도 하게 되었습니다.

책을 읽어 보기만 했지, 책을 쓰게 될 거라곤 꿈에도 몰랐습니다. 잡지에도 나오고 TV 출연도 했지요. 하나하나 계단을 밟아 나아가는 모습을 보고 어머니께서 저에게 존경한다고 말씀하셨어요. 누군가에게 존경한다고 들은 것은 처음이었는데 어머니께 들은 말이라 더욱 의미가 있었습니다.

거실

우리 집 거실입니다. 식사도 하고 영화, 드라마를 보며 이야기하고 휴식하는 공간이기에 편하게 쉴 수 있는 상태를 유지하려고 합니다. 거실에 불필요한 물건이 많다면 복잡해 보일 뿐 아니라 마음까지 복잡해지기 쉽습니다.

불필요한 물건을 정리했다면, 공간에 알맞은 물건을 둡니다. 여름, 겨울에 따라 필요한 물건이 달라집니다. 시기에 맞는 물건만을 두어 정리하기 편한 환경으로 만들어보세요.

겨울에는 추위를 많이 타는 아내를 위해 온열 장판을 소파 옆에 두고 여름에는 선풍기만 둡니다. 또한 거실은 공용공간이므로 개인 물건은 최소화하고 공용 물건을 우선하여 둡니다.

만약 TV 선반이 있다면 공용으로 쓰는 손톱깎이나 각종 공구, 건전지, 테이프, 상비약 등을 두는 것이 좋습니다. 거실에 공용 물건이 아닌 개인 물건이 제자리를 찾지 못하고 방치되어 있다면 적절한 자리를 연구해 보세요.

안방·옷방

안방은 보통 침실로 쓰지요. 침실에 관련된 물건만 둬야 잠도 잘 오겠죠? 하지만 우리 집은 안방에 옷장이 있기에 늘 옷 정리에 대한 고민이 많습니다.

많은 분들이 옷 정리를 어려워합니다. 붙박이장, 행거, 서랍장 또는 드레스룸…. 이런 곳에만 옷이 있다면 그래도 깔끔한 집입니다. 그 외에 의자, 소파, 발코니, 빨래건조대 등에 옷을 두고 있다면? 정리가 필요합니다.

옷장에는 보통 의류만 있는 게 아니라 가방, 액세서리, 이불 등이 섞여 있기 마련인데 다 꺼내서 구분해야 합니다. 우선 옷장 안에 숨겨놨던 물건을 다 꺼내서 보고 만져봐야 버리고 정리할 결심이 생깁니다.

물론 결코 쉬운 일은 아닙니다! 정리된 집에서 살고 싶다면 반드시 한 번은 거쳐야 하는 과정이지요. 옷이며 이불이며 버리고 싶은데 배우자가 반대하는 경우도 있지요.

부부의 의견을 조율하여 정리하는 콘텐츠를 담은 유튜브를 찍고 있지만, 매번 조심스럽습니다.

20~30년 따로 살다가 한 공간에 거주하게 되는데 물건에 대한 기준이 다를 수밖에 없어요. 서로를 인정해야 하는데, 그 과정이 어렵습니다.

상대의 행동을 바꾸려고 하지 마세요. 정리를 어려워하는 배우자에게 옷장 정리를 하라고 말하는 건 의미가 없습니다.

먼저 내 옷을 정리하는 모습을 보여주세요. 그리고 함께 규칙을 만들어보세요. 한번 입었던 옷이나 잠옷은 한 공간에 행거를 만들어 거는 연습을 하고, 그 옷들은 주말 사이에 세탁을 한다든지 규칙을 만들어야 합니다.

작은 규칙이 잘 지켜진다면 다음으로는 당장 입지 않는 계절 의류, 이불 등을 정리하며 대화를 나눠 보세요.

대화 없이 정리하기는 어렵습니다. 부부는 친구, 동거인처럼 단순한 2인 관계가 아닌 복잡한 관계임을 늘 고민해야 해요. 우리 부부는 서로가 다름을 인정하고 대화를 통해 견해 차이를 좁혔습니다. 여러분도 할 수 있습니다!

물건 때문에 스트레스를 받고, 늘 부담을 느끼고
'정리'를 해야만 한다면 삶을 여유롭게 꾸려가기
쉽지 않습니다. 공간 정리는커녕 물건 정리를
못하는 데 시간은 정리할 수 있을까요?
시간 역시 뒤죽박죽 활용하기 쉽습니다.
머릿속이 늘 복잡하고 상대를 생각할 여유가 없다면
라이프 스타일을 단순화해보세요.

PART 1

살림 1영역

정리

정리를 위한 마음의 준비

'정리'하면 무엇이 떠오르세요? '불필요한 물건을 버리고 필요한 물건의 제자리를 찾는 것'으로 생각하는 분이 많을 것입니다. 하지만 물건을 2개 버리고 3개를 들여오는 소비 습관이 있다면 아무리 열심히 정리해도 의미가 퇴색되지요.

정리는 물건뿐 아니라 마음과 생각의 정리도 동시에 해야만 합니다. 그래야만 정리된 환경을 장기적으로 유지할 수 있습니다. 청소를 하기 위해 세제를 샀지만 쓰지 않고 먼지가 쌓인 채 방치되어 있다면? '세제'가 아닌 공간만 차지하는 '짐'이 되겠지요.

불필요한 소비, 과소비 습관이 없다면 애초에 짐이 쌓이지 않았을 것입니다. 과소비하는 습관, 불필요한 소비, 버리지 못하는 근본적인 이유를 진단해보세요.

일시적인 것인지, 심리적인 이유인지, 정신적 이유(우울증, ADHD, 저장강박증 등)인지, 단순히 정리정돈을 어려워하기 때문인지 파악해야 합니다.

저는 정리수납전문가 1급과 간호사 면허를 가지고 있습니다. 유튜브에 출연한 분들과 많은 대화를 나눕니다. 물건 정리 외에도 마음과 생각 정리에 도움을 드리고 싶거든요.

정신간호학 실습 때 저장강박증, 조현병, 우울증, 알코올중독 환자분들과 대화를 나눴고 간호사가 된 이후에는 간호사를 꿈꾸는 자립 준비 청소년들에게 진로 상담을 했어요.

간호사로서의 생활만이 아닌, 더 중요한 것도 있다는 것, 예를 들어 살림의 중요성, 경제관념, 좋은 배우자를 만나는 법 등을 이야기해 주었던 기억이 납니다.

정신건강의학과에서도 살림의 중요성을 이야기한다고 합니다. 살림을 통해 성취감을 느껴보라는 것이지요. 저도 의뢰인이 할 수 있는 살림의 방향을 제시해주고 싶어 많은 이야기를 나누고 있습니다. 살림을 할 수 있는 범위와 방향은 사람마다 다르기에 많은 고민과 대화가 필요합니다.

물건 때문에 스트레스를 받고, 늘 부담을 느끼고 '정리'를 해야만 한다면 삶을 여유롭게 꾸려가기 쉽지 않습니다. 공간 정리는커녕 물건 정리를 못하는 데 시간은 정리할 수 있을까요? 시간 역시 뒤죽박죽 되기 쉽습니다.

무언가를 하긴 하고 엄청 바빠 보이는데 실상 아무 결과가 없고 지쳐있는 사람이 있습니다. 그러면서 '나 바쁘게 살림했어! 배우자는 아무것도 안 하고 나만 했어!'라는 착각에 빠지기 쉽습니다. 마음의 여유가 없다면 자신이 한 것만 생각하고 남이 한 것은 알아볼 수 없게 됩니다.

머릿속이 늘 복잡하고 상대를 생각할 여유가 없다면 라이프 스타일을 단순화해보세요. 단순화하기 좋은 예를 들어볼까요? SNS 없던 시절을 생각해보세요.

머릿속이 복잡하고 여유가 없는 사람의 특징은 스마트폰을 붙들고 있는 시간이 많다는 것입니다. 핸드폰을 잠시 내려놓고 다른 일에 집중해 보세요. 놀랍도록 마음의 여유가 생깁니다.

물론 유튜브 채널을 운영하기에 저도 핸드폰을 늘 들고 있습니다. 과거에는 게임을 하느라 그랬지만 이제는 유튜브 댓글을 확인하기 위해서입니다. '출연자를 향한 비난 댓글이 달리지 않았을까?' 생각하며 확인하는 습관이 생겼습니다. 하지만 상황에 따라 조절하려고 노력 중입니다.

왜 정리가 안 될까?

집을 정리한다고 해서 무턱대고 보이는 곳을 치우면 어떻게 될까요? 큰 효과를 느끼지 못할 확률이 높습니다. 일단 멀리서 3분만 스캔해 보세요. 잡초를 뽑고, 나무를 다듬기 이전에 숲을 봐야 합니다.

숲을 보면 어떤 나무를 더 다듬어야 할지, 어디에 잡초가 무성한지 구별이 될 것입니다. 3분 스캔 후 시작하면 더 효율적으로 정리할 수 있습니다. 자신이 꿈꾸는 공간이 있다면 그림을 그리듯 정리정돈을 통해 만들어 가야합니다.

예를 들어 제가 원하는 공간은 '여백의 미'가 느껴지는 곳입니다. 고민해서 마련한 가전, 가구들이 돋보이는 공간으로 만들기 위해 노력하고 있어요. 아내 역시 정돈된 환경을 좋아하기에 함께 집안 환경을 정리해 나가고 있습니다.

"꿈이라는 게 꼭 큰 꿈을 꿔야만 꿈인가요?"

제가 꿈꾸는 집은 가족이 거친 바깥세상에서 돌아와 편히 쉴 수 있는 곳입니다. 그 꿈을 안고 정리해 보세요. 정리 원동력이 됩니다. 여러분도 꿈을 그리며 정리해 보길 바랍니다. 가족에게 아늑한 공간을 제공하는 꿈.

정리 방법은 알고 있지만 무기력해서 실행에 옮기지 못하는 건지, 산처럼 느껴지는 방대한 양이라 못하는 건지 이유는 생각 외로 다양합니다.

저는 무기력한 적은 없었지만 정리 방법과 중요성을 몰라 실행에 옮길 수 없었습니다. 방법을 알게 되니 재미가 붙었지요. 그 후 매일 정리를 하고 있습니다.

그러다보니 우리 집의 정리정돈으론 부족해서 다른 집에 가서 정리정돈하는 유튜브까지 찍게 되었습니다. '정리'의 방법을 배워 파고들어 보세요. 무기력을 이겨낼 좋은 방법이 될 수도 있습니다.

그런데 평소 정리에 관심이 없다가 일단 정리해야겠다고 생각을 하고 실행에 옮기는 이들에게서 찾을 수 있는 공통점이 있습니다. 일단 무언가를 사기 시작합니다. 무언가는 보통 '수납함'입니다.

정리를 하겠다고 마음먹은 것은 매우 훌륭한 일입니다. 하지만 방법이 잘못됐습니다. 정리 베테랑이 아닌 이상 수납함을 잘 활용하지 못할 가능성이 큽니다. 무턱대고 수납함을 사기 전에 '집에서 쓰지 않는 물건을 비우는 것'을 먼저 하길 권합니다.

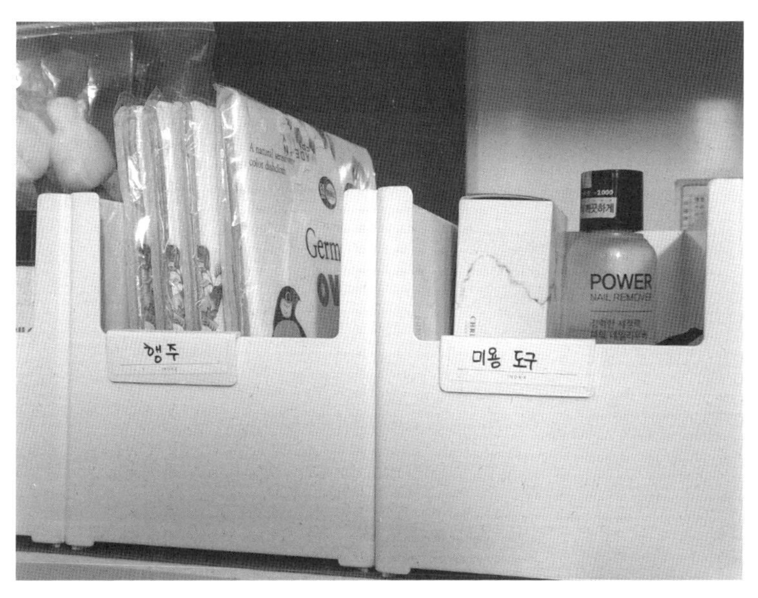

수납함은 물건 정리에 큰 도움이 되지만 수납합을 사기 전에 먼저 물건을 비우세요.

입을 옷이 진짜 없을까?

유튜브 구독자분이 남긴 댓글이 기억에 남습니다. "길거리에서 갑자기 옛 애인을 만나도 부끄럽지 않을 옷을 보관하면 된다." 그런 생각으로 옷 정리를 한다면 한결 쉽게 정리할 수 있습니다.

정말 입고 싶은 옷만 옷걸이에 걸어 둔다면 옷 정리에 대한 피곤함 대신 설렘을 느낄 수 있을 것입니다. 흔히 입을 옷이 없다는 말을 많이 합니다. 정말 입을 옷이 없을까요? 옷을 사기 위한 나만의 핑계를 만드는 것은 아닐까요?

어렸을 적 명절 때 새옷 한 벌씩 사 입던 시절에 비하면 지금 제 옷장에는 입을 옷이 너무 많습니다. 옷장에 옷은 많은데 입을 옷이 없다면 정말 입고 싶은 옷을 계절별로 몇 벌씩만 두는 방법도 고려해 보세요.

옷을 그냥 버리기엔 아깝다고요? 입을 수 있는 옷이라면 헌옷 수거함, 의류 수거 서비스 등 재활용 방법이 많습니다.

구멍이 났거나 낡은 옷은 사등분 하여 걸레로 쓸 수 있지요. 현관 바닥, 발코니 바닥, 변기 등을 닦아내고 버리면 됩니다. 비움, 청소, 공간 확보가 동시에 이뤄집니다.

옷을 비워낸 곳에 꼭 새 옷을 사서 채워 넣을 필요는 없습니다. 옷장에 '여백의 미'가 함께 한다면 '입고 싶지 않았던 옷'이 '입고 싶은 옷'이 될지도 모릅니다. '여백의 미'를 꼭 느껴보았으면 합니다. 마음에도 생각에도 공간에도 여백은 반드시 필요하다고 생각합니다.

하지만 옷에 대한 추억이 많은 출연자들과 정리를 끝내고 집으로 돌아오는 길에 사색에 빠지곤 합니다.

'추억이 담긴 옷을 너무 매정하게 대하지는 않았을까?'

'옷에 담긴 추억의 기준을 어디까지 봐야 하고 얼마나 보관하는 것이 맞는 것일까?'

옷 정리에 답은 없지만 고민을 하다보면 답을 찾을 수 있을 거라고 생각해요.

다시 정리전문가로 돌아와보면, 'TPO에 맞게 입을 수 있는 옷'

만 가지고 있으면 됩니다. 일상복과 결혼식, 장례식 등 행사 때 입을 옷 외에는 어찌 보면 사치에 가까운 옷 아닐까요?

가진 옷이 오래되어 보이고 유행에 맞지 않는다고 생각하나요? 유행을 따라가려면 매주 옷을 사야겠지요. 지난달 산 옷도 어쩌면 이미 유행이 지난 것이죠. 다른 이들의 시선을 의식해 유행을 따르거나 유행을 따라 늘 옷을 사는 것은 피곤한 일입니다.

옷을 사는 것은 일시적인 행복일 뿐, 장기적인 행복을 추구하기 위해 자신만의 기준을 가져보는 것이 어떨까 싶습니다.

사도사도 모자란 것이 옷이라지만 자신만의 기준을 갖는 것이 중요합니다.

잡동사니 정리가 어려운 이유

큰 물건은 제자리를 찾기가 쉽습니다. 냉장고, 세탁기, TV는 어느 집이나 자기만의 자리가 있습니다. 큰 가구도 마찬가지입니다. 그런데 계절가전은 모호합니다.

에어컨 같은 경우는 늘 그 자리에 있지만, 선풍기는 사계절 그 자리에 있으면 안 됩니다. 사용할 때는 꺼내지만 사용하지 않을 때는 다른 곳에 보관해야 합니다.

또 물건의 크기가 작을수록 명확한 자리가 없어서 정리가 어렵습니다. 잡동사니를 어디에 두면 좋을지 고민하다 보면 필요 이상으로 많은 물건이 있음을 알게 되지요.

물건이 많다는 사실을 인지했다면 불필요한 물건을 비워내세요. 그 후에 자주 쓰는 잡동사니를 잘 수납하면 됩니다. 잡동사니를 바구니에 넣어 수납할지 그냥 세워 둘지는 수납 공간과 쓰는 빈도에 따라 달라집니다.

대표적 잡동사니인 건전지의 자리는 어디일까요? 가족 구성원, 집의 크기에 따라 다릅니다. 아이가 있는 집은 건전지를 자주 쓰기에 꺼내기 쉽지만 아이 손에 닿지 않는 곳에 보관해야 합니다.

노년의 부부라면 너무 높은 곳에 두면 꺼내기 위험하고 너무 낮은 곳에 두면 허리를 많이 굽혀야 하기에 눈높이에 두는 것이 좋습니다.

잡동사니는 거주환경에 맞게 하나하나 자리를 찾아야 하는데 이 과정이 어렵습니다. 그래서 잡동사니들이 방치되는 것이지요.

더군다나 자리는 한정되어 있는데 이 와중에 잡동사니가 계속 들어오기만 하면 쌓이는 것은 순식간!

'잡동사니 A가 들어왔다면 기존의 잡동사니 A-1 또는 A-2는 정리(폐기)한다' 등의 규칙을 정해놓고 꾸준히 실천하면 잡동사니를 쉽게 정리할 수 있는 환경이 될 것입니다.

유튜브 촬영하며 많이 듣는 말 '언젠가는'

'언젠가 쓸지 몰라 버릴 수 없다'는 말을 자주 듣습니다. '언젠가는'이란 말은 참 모호하죠.

언제가 될지 모르는 그 기간에 물건을 보관하는 게 나을지 아직 상태가 좋을 때 팔지, 필요한 시기가 왔을 때 그 시기에 맞는 것을 다시 살지…. 여러 방법이 있습니다.

물건에 대해 이런 고민 과정을 거치지 않는다면 한정된 공간의 집에 물건이 쉽게 쌓일 수밖에 없습니다.

'언젠가 쓰겠지?' 하며 공짜로 받은 행주나 작은 물티슈 등 사은품을 서랍장에 넣어 둔 적 있나요? 그 물건을 시기에 맞게 꺼내서 쓸 가능성은 얼마나 될까요?

꼭 필요해 산 것이 아니라 사은품으로 받은 것은 존재 여부를 잊어버릴 가능성이 큽니다.

그런 물건은 바로 쓰는 것을 권합니다. 쓰던 행주는 더러운 곳을 닦아낸 후 버리고, 새로 받은 행주를 주방에 두는 것이지요.

회사에서 수건을 받았다면 기존 헌 수건을 버리고 새 수건을 세탁해서 쓰는 것입니다. 사은품은 대체로 소모품일 경우가 많기에 바로 포장지를 뜯어 수납하는 습관을 들이면 좋습니다.

선물은 다 보관해야 할까?

'선물'에 많은 의미를 부여하는 사람이 있습니다. 선물이기에 절대 버릴 수 없다는 것이지요. 선물을 주는 사람과 받는 사람이 생각하는 의미는 다릅니다. 정말 필요한 물건을 선물로 받기가 쉽지 않습니다. 마음에 들지 않아 방치하기도 합니다.

자신이 직접 보고 샀어도 안 쓰게 되는 물건도 있는데 다른 사람이 준 선물 또한 안 쓰게 되기가 쉬운 것이지요.

쓰지 않고 보관해둔 선물은 선물이라고 봐야 할까요? 짐으로 봐야 할까요? 받은 당시에는 선물이겠지만 보관하다 보면 짐이 될 수 있습니다.

선물에 큰 의미를 부여하여 그저 먼지 쌓인 채 보관하지 않길 바랍니다.

물건(선물)을 버리면 그 추억이 없어질까요? 저는 소중한 물건을 정리(폐기)할 때는 마음속, 머릿속에 남겨둡니다. 꼭 실물로 가지고 있어야만 추억이 되는 것은 아닐 겁니다.

아버지의 장례식을 치르며 철제 물건이 나왔는데 화장장에서 보관할 것인지 물었었지요. 당시 버려달라고 했고 그 상황과 대화는 늘 제 마음속에 있습니다.

'코코'라는 영화에서도 비슷한 장면이 나옵니다. 아버지 생각이 났고 많이 울었습니다. 추억이나 기억은 실물이 아닌 내 마음속, 머릿속에 보관해 두면 언제든 소환하여 기억할 수 있다고 생각합니다.

추억이 있는 물건 버리는 방법

정리에서 난이도가 정말 높은 것이 '추억이 있는 물건 버리는 법'입니다. 살아가다보면 그런 물건은 아주 많이 생깁니다.

하지만 그 물건들이 공간을 차지하고 있으면 '현재의 추억'을 쌓을 공간이 줄어듭니다. 물건에 추억을 쌓는 것과 가족 간의 추억을 쌓는 것 중 어느 것이 더 중요한지 생각해보세요.

공통점이 있는 두 개의 물건을 비교해 보고 덜 중요한 것을 버리면 됩니다. 예를 들어 1. 아이가 처음 신었던 신발 2. 몇 년 동안 신어 닳고 닳은 신발이 있다고 생각해보세요. 모두 추억이 있는 신발이지만 2번이 조금 더 버리기 쉬울 것입니다.

이렇게 버리기 조금 더 쉬운 물건을 하나하나 버리며 연습해야 합니다.

물론 1번을 버리고 2번을 남기는 사람도 있겠지요. 처음부터 잘 버리는 사람은 거의 없습니다. 현명하게 잘 버리는 방법을 습득해 나가고 연습해야 합니다. 그러면서 자신감을 끌어올려야 합니다.

저 또한 처음부터 정리를 잘하지 못했고 잘 버리지 못했습니다. 여러분도 늘 물건의 양을 관리하며 '필요 없는 물건을 버리는' 정리에 대해 고민하다보면 어느새 현명하게 잘 버릴 수 있게 될 겁니다.

과거에 얽매이면 정리를 못 한다

정리를 잘하고 싶은가요? 그렇다면 '상대방과 나의 다름을 인정'하고 정리를 시작해야 합니다. 누군가는 과거를 소중히 여기지만 누군가는 현재와 미래를 소중히 여깁니다.

여러분이 정돈된 환경을 누리고 싶다면 과거의 비중을 줄이고 현재의 비중을 높이길 권합니다. 제가 추구하는 방향은 과거1 : 현재7 : 미래2의 비율입니다.

과거의 물건은 최소한으로 둡니다. 누군가는 날씬했을 때 입었던 옷을 살이 빠지게 되면 입겠다고 보관하고 있습니다. 하지만 그 미래에 입을 수십 벌의 옷을 다 가지고 있을 필요가 없습니다.

물론 과거의 옷에는 많은 추억이 담겨 있습니다. 날씬했을 때 입었던 옷, 처음 취업했을 때 입은 옷, 신혼여행 갔을 때 입은 옷 등

따지고 보면 추억 없는 옷을 찾기가 더 힘들 거예요.

더 소중한 추억을 만들기 위해선 과거의 추억을 어느 정도 정리할 필요가 있습니다. 과거의 추억이 더 중요하고 그 물건을 버릴 때의 불안감이 더 크다면 그 물건과 함께해도 됩니다.

물론 공간이 좁아지는 것은 감수해야 합니다. 추억이 없어지는 불안감이 큰지 물건이 쌓이는 스트레스가 큰지 곰곰이 생각해 보세요.

정리가 다 끝난 후 잘 유지를 하는 사람도 있고, 유지하지 못하고 원래대로 돌아가 버리는 사람도 있습니다. PT를 받고 성취감을 느끼며 운동을 계속하는 사람이 있고, 돈 낭비라고 생각하는 사람이 있는 것처럼 정리도 마찬가지입니다.

일단 유지 가능성을 올리려면 정리 후 공간에서 오는 만족감과 성취감을 느껴야합니다. '나도 남들처럼 정리할 수 있구나'라는 생각이 들어야 한다는 것이죠.

'나는 원래 정리를 못 해', '나는 원래 운동을 못 해'라는 말만 계속한다면 유지는커녕 정리 자체도 시작할 수 없습니다. 정리에 대해 시도를 했다는 것은 유지 가능성도 생겼다는 것입니다. 일단 시도해보세요.

물건 정리가 먼저야?
마음 정리가 먼저야?

물건 정리와 마음 정리. 어느 쪽이 먼저일까요? 사실 마음이 너무 힘들다면 물건을 정리할 여유도 없겠지요. 그런 경우라면 전문가의 도움을 받아 마음과 물건의 정리를 같이하는 것도 좋습니다.

제 유튜브에 출연한 의뢰인이 들려준 정신건강의학과 선생님의 이야기를 빌려 보겠습니다. 집을 청소하고 정리하며 느끼는 작은 성취감이 큰 도움이 된다는 것입니다. 간호사이자 정리수납 전문가인 제 생각도 같습니다.

정리된 환경에서 생각과 마음도 정리하는 여유를 가져보세요. 물론 정리수납 전문가에게 집 정리를 맡길 수도 있지요. 하지만 물건의 주인인 집주인이 주도적으로 정리정돈해야만 합니다.

짧은 시간 안에 몰아쳐서 하기보다는 생각과 마음 정리를 할 수 있게 천천히 집 정리를 해 보세요. 만약 정리업체의 도움을 받았더라도 구역별 세부적인 정리는 스스로 해야 합니다.

모든 집의 속사정은 다 다릅니다. 정리에 걸리는 시간도 다르고 정리를 해 나가는 속도와 감정의 정도도 다릅니다. 어떤 집은 정리가 아닌 청소와 집수리가 더 필요할 수도 있기에 많은 부분이 복합적으로 이루어져야 합니다.

그래서 전문가 의뢰는 급한 불을 끄는 정도로 생각하는 게 좋습니다. 환자로 치면 겉으로 보이는 열상, 타박상의 환자로 소독만 해줄 수도 있습니다. 왜 다쳤는지 그 과정을 자세히 들여다보면 자해로 생긴 열상, 누군가와 싸워서 생긴 타박상일 수 있기에 그에 따른 내적인 치료도 필요한 것이지요.

겉만 보고 빠른 결과를 내는 것이 중요한 것은 아니라는 이야기입니다. 근본적으로 집정리에 성공하기 위해서는 겉만 보고 판단하는 게 아닌 긴 대화를 통해 개인에 맞는 긴 시간의 정리가 필요합니다.

다시 돌아가서 물건 정리가 먼저인지 마음 정리가 먼저인지 생각해보겠습니다. 마음에 여유가 없다면 청소, 정리, 장보기 등을 할 여유가 없겠지요. 설거지가 쌓인 상황이라 요리할 식기류도 없을 거예요. 식기류가 없으면 배달해 먹을 가능성이 높아집니다.

식사는 했지만, 일회용 용기 등 쓰레기를 분리 배출할 여유도 없기에 쓰레기가 쌓이면 청소가 더 어려워집니다. 점점 더 하기가 싫어집니다. 청소하기 편한 환경이어야만 반사적으로 청소하게 되기에 저는 늘 청소하기 편한 환경을 유지합니다.

이렇게 악순환이 이뤄지는 상황은 대개 비슷합니다. 시간이 없어서, 피곤해서 청소할 힘이 없다는 건 대부분 핑계입니다. 도로교통공단 봉사단원으로 활동할 당시 하반신 마비로 거동이 어려운 분 가정에 방문하여 활동한 적이 있습니다.

언제나 깔끔했습니다. 어떻게 늘 깨끗한 집을 유지하고 있는지 물었더니 그분은 "언제든 손님이 올 수도 있다는 생각을 하면 된다."라고 말해주었습니다. 이후 저의 신조가 되었습니다.

물건이 쌓여 마음의 여유가 없는 것인지, 마음의 여유가 없어 물건이 쌓인 것인지 당장 알 수는 없습니다. 하지만 물건 정리와 마음 정리를 동시에 진행하면 모로 가도 서울은 갑니다.

제 유튜브 영상에서 처음 정리를 시작할 때와 달리 끝날 때 의뢰인의 표정과 말투가 생기있게 달라졌다는 것을 볼 수 있습니다. 결과적으로 공간의 여유와 마음의 여유는 같이 만들어 나가면 되는 것 아닐까요?

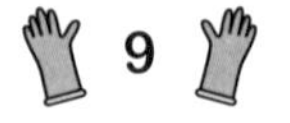

현명하게 물건을 비우는 방법

버리기도 모호하고, 쓰기도 모호한 것은 어떻게 해야 할까요? 조금만 생각을 전환하면 됩니다. 예를 들어 보겠습니다. '정리 ⇨ 장보기 ⇨ 돈 관리 ⇨ 요리' 네 가지 항목을 유기적으로 연결시키면 됩니다.

최근 저희 집에 고구마 한 상자, 스팸 세트가 들어왔습니다. 2인 가구가 먹는 데는 한계가 있지요. 그래서 고구마와 스팸 일부를 어머님과 장모님께 가져다드렸습니다.(물론 싫어하는 걸 가져다드리면 안 됩니다.) 그래도 남은 양이 많아 카레를 만들어 먹었습니다. 이런 식으로 식자재는 빨리 소비해야 합니다.

카레 10인분을 만들어서 4인분은 먹고 6인분은 저희보다 더 많은 식구가 있는 장모님 댁에 가져다드렸지요. 요리를 해서라도 물건을 줄이는 것입니다.

다른 예를 들어볼게요. 주방과 옷장 서랍을 열어보세요. 넘쳐나는 일회용품(나무젓가락), 낡은 양말 등을 꺼내세요. 나무젓가락에 양말을 씌우고 물만 적셔도 훌륭한 청소 도구가 됩니다. 창틀을 닦거나 청소하기 어려웠던 변기 틈, 현관 틈을 닦아내세요.

물건의 총량을 줄일 뿐만 아니라 청소도 하고 청소용품 살 돈도 아낄 수 있습니다. 이번 경우는 '정리 ⇨ 청소 ⇨ 돈 관리' 세 가지 항목이 유기적으로 연결된 것이지요.

청소하기 위해 세제와 도구를 살 수도 있겠지만 청소 빈도에 비해서 많은 도구와 세제를 가지고 있을 필요가 없습니다. 물건의 총량을 늘릴 뿐만 아니라 돈 관리에서도 마이너스 요소입니다.

이런 식으로 물건을 비우는 방법을 하나씩 연습해 보세요. 물건에 휘둘리지 말고 스스로 물건을 통제해야 현명하게 물건을 소비할 수 있습니다.

만약 물건을 비워내는 게 어렵다면, 우선 스마트폰부터 정리해 보세요. 정리가 어려운 사람은 스마트폰 또한 뒤죽박죽일 가능성이 큽니다.

쓰지 않는 애플리케이션, 용도가 비슷한 애플리케이션 등이 뒤섞여 있을 것입니다. 폴더별로 정리해보고 안 쓰는 애플리케이션은 삭제하세요. 애플리케이션이 정리됐다면 추억 정리도 해보세요.

사진, 동영상에서도 중복사진, 남기고 싶지 않은 사진, 필요하지 않은 캡처본 등 다양하게 있을 것입니다.

남기고 싶은 사진, 동영상 외에 다른 것들은 미련없이 삭제하면 됩니다. 스마트폰을 정리한 것처럼 집도 비슷한 기준으로 정리하면 됩니다. 남기고 싶은 물건만 보관하세요.

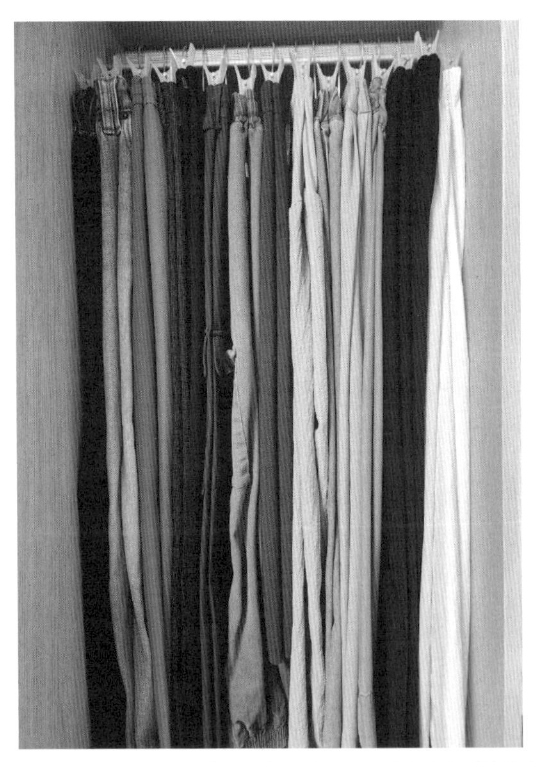

옷장도 주기적으로 살펴보고 입지 않는 옷은 과감하게 비워내세요.

정리정돈 업체를 이용한다면

정리정돈 업체를 이용한 분의 이야기도 직접 들어보고, 구독자 의견을 들어본 결과, 제가 내린 결론은 이렇습니다. 단기적으로는 효과가 있지만, 장기적으로는 큰 효과가 없을 가능성이 있습니다.

의뢰인과 성격이 다른 많은 사람들이 하루, 이틀에 걸쳐서 정리를 한다면 혼란을 초래할 수도 있습니다.

직접 하나하나 정리한 것이 아니기에 추후에 어떤 물건이 어디 있는지 모르는 경우가 생깁니다. 업체에 다시 문의해봐도 한 집만 정리하는 것이 아니기에 기억하기 어렵다고 합니다.

하지만 중요한 손님이 온다든지 빨리 정리를 해야 할 상황이라면 정리업체가 큰 힘을 발휘할 것입니다. 또한 이사 전 불필요한 물건을 비워내고 싶다면 업체의 도움을 받으면 효과적일 것입니다.

새로 이사하면 물건을 다시 수납해야 할 텐데 그나마 필요한 것만 가지고 간다면 얼마나 효율적일까요? 이사와 동시에 정리정돈 업체를 이용하는 것도 도움이 될 것입니다.

입주 청소를 했다면 수납 공간이 깨끗한 상태이기에 정리정돈 업체를 이용하면 효과가 높겠지요. 또 이혼이나 가족의 죽음, 사건 사고로 일상을 유지가 힘든 경우 정리정돈 업체가 도움이 될 수 있습니다.

자신에게 정리정돈 업체가 도움이 될지, 밑 빠진 독에 물 붓는 경우는 아닌지 잘 생각해 보길 바랍니다.

맥시멀라이프? 미니멀라이프?

맥시멀라이프와 미니멀라이프 둘 중 무엇이 더 좋고 나쁘고를 따질 수는 없다고 봅니다. 각자 가치관이 다르기 때문이지요. 하지만 무조건 물건이 많다고 해서 더 풍족하고 좋은 것만은 아닙니다. 때로는 그냥 '짐'이 많은 것일 수도 있어요.

저희 집 사진을 보면 물건이 없어보이지만 웬만큼 필요한 물건은 다 있습니다. 또 동선에 신경을 많이 썼고 많은 분이 깔끔하다는 칭찬을 합니다.

저는 집안에 필요한 물건을 적재적소에 두고 불필요한 물건을 두지 않는 것이 '미니멀라이프'라고 생각합니다. 저만의 미니멀라이프를 추구하고 있는 셈입니다.

'정리'를 잘 모르고 단순히 '미니멀라이프'를 추구하기 위해 정리하면 부작용을 겪게 됩니다. 물건이 없어야 미니멀라이프라는 생각으로 다른 사람이 필요한 물건조차 없애 버린다면 그것은 자신에겐 미니멀라이프겠지만 가족에게 재앙일지도 모릅니다.

미니멀라이프를 추구하기 위해 물건을 정리하는 것이 아니라, 가족과 필요한 물건에 대해 대화해서 적합한 위치에 필요한 물건만을 두는 것이 진정한 미니멀라이프가 아닐까요?

미니멀라이프를 추구하지만, 가족과 정리에 관해 이야기하는 것이 힘들다고 생각하세요? 단순히 정리에 관해 대화가 힘든 건지 가족과 일상의 대화가 힘든 건지부터 살펴봐야 합니다.

모두 바쁜 일상을 살아갑니다. 부모는 돈을 벌어 가정을 이끌어 가고 자녀는 학교와 학원을 오가느라 바빠 대화조차 줄어들고 있는 시대입니다.

하지만 가정의 행복을 위해서는 대화가 꼭 필요합니다. 일상적인 대화를 나누면서 집안 환경에 대한 의견도 나누는 것이지요. 저는 아내와 산책하며 드라마 이야기도 하고 함께 게임을 즐기며 대화를 많이 합니다.

더불어 우리가 살아가야 할 삶에 관해 이야기하고 또 미니멀라이프의 방향에 관해서도 끊임없이 이야기를 나눕니다.

column 2 장끼남의 집

주방

주방은 요리하고 식사하는 공간이지요. 여기에 불필요한 물건이 많다면 청결한 환경에서 요리를 만들 수 없다고 생각해요. 위생이 좋지 못한 환경에서 조리된 음식을 먹고 식중독이 생겼다는 것을 종종 뉴스로 접할 수 있습니다.

당연히 가정 내에서도 생길 수 있는 일입니다. 가족 건강과도 직결되는 곳이므로 싱크대, 조리대, 식탁 위를 청결하게 유지해야 합니다.

주방은 청결하게 유지해야만 계속 청결하게 유지하고 싶어집니다. 이러한 환경에서 식사해야 식사하기 좋은 분위기가 만들어져요. 외식을 해보면 알지요. 청결한 식당은 음식 맛이 평범해도 다시 가고 싶을 수 있지만, 청결하지 못한 곳은 음식 맛이 좋더라도 재방문이 꺼려지거든요.

보통 주방 정리를 시작할 때 먼저 수납 용품을 사는 사람이 많습니다. 하지만 정리정돈에 대해 잘 모른다면 수납 용품은 '짐'이 될 가능성이 큽니다. 많은 물건을 어떻게 수납해야 할지 모르기 때문입니다.

그래서 수납 용품을 사기 전에 필요한 물건과 불필요한 물건을 구별하는 연습을 한 이후, 남은 물건(필요한 물건)을 어떤 수납 용품을 이용해 수납할지 고민하여 구매해야만 합니다. 이러한 과정이 있어야 좋은 결과를 얻을 수 있습니다.

특히 위생과 직결된 곳은 정리정돈, 청소를 더 자주 해야 합니다. 싱크대 청소는 반드시 일주일에 1번 이상 해야 하며 요리하는 빈도에 따라 청소 주기를 달리할 수 있습니다.

밥솥, 전자레인지, 전기포트, 식기세척기, 에어프라이어, 오븐, 커피 머신, 후드 등은 한 달에 한 번 적어도 분기별 한 번은 청소해야 합니다. 깨끗이 닦는 등 기본 청소 방법이 있지만, 제품마다 권장하는 청소법이 조금씩 다르니 사용설명서를 참고하거나 인터넷으로 찾아보세요.

청소와 정리정돈의 비결보다 기본 청소, 정리정돈 방법을 먼저 알아야 합니다. 기본을 알아야 그 비결이 우리 집에 유용한 것인지 구별할 수 있게 됩니다.

화장실·욕실

주방만큼은 아니지만, 화장실, 욕실도 위생이 굉장히 중요합니다. 《일본 전산 이야기》라는 책에 화장실 청소를 굉장히 중요시하는 한 회사에 관해 이야기가 담겨있습니다.

신입사원에게 무조건 1년 동안 화장실 청소를 시킨다는 것입니다. 화장실 청소를 직접 해보면 스스로 깨끗하게 쓰기 위해 노력한다는 이야기지요. 그것이 일상화되면서 사무실이나 다른 공간에서도 정리정돈이 습관화된다는 것입니다.

화장실 청소를 직접 해보면 청소하기 편한 환경을 만들어야만 시간이 덜 든다는 것을 알게 됩니다. 화장실뿐만 아닌 다른 곳도 마찬가지이지요. 직접 청소를 해봐야 알게 되는 것들이 있습니다.

욕실은 일어나 나갈 준비를 하고 퇴근 후 고생한 내 몸을 씻는 공간입니다. 그 공간이 곰팡이가 있고 다 쓴 욕실용품이 바닥에 나뒹굴고 있다면 기분 좋게 씻을 수는 없을 거예요.

화장실은 물을 쓰는 공간이기에 일주일만 신경 쓰지 않아도 곰팡이가 생깁니다. 그래서 저는 샤워 후 간단히 욕실 청소를 해서 아내가 청결하게 쓸 수 있게 준비해 둡니다. 일주일에 한 번은 세제와 솔로 곰팡이를 청소합니다.

더 넓은 집으로 이사 가는 것보다, 돈이 드는

인테리어를 꿈꾸는 것보다 먼저 청소를 해보세요.

청소를 해야만 이사, 인테리어를 하더라도

큰 시너지가 있을 것입니다.

주말이면 물건으로 어질러진 복잡한

집을 떠나 깔끔한 숙소를 찾아 헤매고 있나요?

집을 나가야만 안락함을 느낄 수 있나요?

깨끗하게 정리된 곳에 가면 스트레스가 풀리는

이유를 생각해 보세요.

PART 2

살림 2영역

청소

살림 3영역

분리배출

   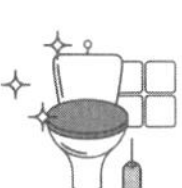 

청소는 어떻게 하는 거야?

청소, 정리정돈, 집수리하는 영상을 촬영하다 보니 사람마다 '청소'에 대한 개념이 다르다는 것을 피부로 느끼고 있습니다.

제가 생각하는 청소의 기본 원칙은 바닥 청소만이 아닌 천장, 벽도 닦아야 한다는 것이지요. 화장실 청소에 주로 적용하면 됩니다. 화장실은 습한 공간이기에 천장과 벽에 곰팡이가 피기 쉽습니다. 천장, 벽을 닦아내고 바닥을 닦아야만 청소가 완성됩니다.

물론 이렇게 매일 할 수는 없습니다. 샤워할 때 바닥, 세면대, 변기를 간단히 물청소하고 달별, 분기별로 대청소 할 때 천장 ⇨ 벽 ⇨ 바닥 순서로 대청소하는 것이지요.

매번 구석구석 대청소하면 좋겠지만 한정된 에너지를 화장실 청소에 다 써버리고 다른 공간을 포기하면 안되겠지요?

그렇다면 식탁은 어떻게 닦나요? 그것도 집집마다 모두 다릅니다. 에버랜드 레스토랑에서 아르바이트를 할 때 테이블을 매번 알코올 소독제를 이용하여 닦아냈습니다.

물론 음식물은 티슈로 걷어내고요. 오염이 덜한 부분을 먼저 닦아내고 오염이 심한 곳을 마지막으로 닦아내는 방식으로 테이블 정리를 했습니다.

머릿속으로 생각만 하는 것이 아니라, 직접 청소해보며 나만의 노하우를 쌓아야 합니다. 몸을 움직여야만 어떻게 해야 시간을 절약하고 에너지가 덜 드는지 알게 됩니다.

배우자에게 옆에서 이래라저래라 지시하고 말로 청소하기 전에 먼저 움직여 청소해보세요.

청소를 바닥을 쓸고 닦는 정도로만 생각하는 분들이 있습니다. 하지만 '청소'는 바닥뿐 아니라 늘 사용하는 가전제품, 가구, 소품 등도 주기적으로 청소해야 합니다. 그래야 공간도 쾌적해지고 물건도 고장 없이 오래 쓸 수 있습니다.

저희 집 거실을 예로 들어 볼까요? 테이블 닦기, TV 닦기, 소파 청소, 스피커 닦기, 커튼 세탁, 공기청정기 청소 등이 있겠지요. 바닥 청소는 로봇 청소기에 맡길 수 있지만, 다른 항목들은 사람이 해야만 합니다.

또 바닥과 테이블 등에 놓는 물건을 최소화해야만 쓸고 닦기 편한 환경이 됩니다. 결국, 거주자가 청소를 제대로 해봐야만 불필요한 소비를 하지 않게 되고 불필요한 물건을 두지 않게 됩니다.

물건이 많으면 그 물건을 옮긴 후, 청소하고 다시 옮겨야 해서 시간과 에너지 소비가 크겠지요. 애초에 물건을 옮기기 싫어서 청소를 안 하는 경우도 많습니다.

1

이사, 인테리어를 생각하기 전에 청소부터 해라

저는 시골에서 살다가 취업해서 수도권에 살게 되었습니다. 넓은 아파트에 살 경제적 여유가 없었지요. 하지만 작은 집에 살더라도 최대한 공간 활용을 잘하고 청소를 잘 한다면 쾌적한 공간이 되지 않을까 싶었습니다. 그렇게 20평대라도 30평대 부럽지 않은 공간을 만들 수 있었어요.

여러분도 할 수 있습니다. 더 넓은 집으로 이사 가는 것보다, 돈이 꽤 드는 인테리어를 꿈꾸는 것보다 우선 먼저 청소를 해보세요. 청소를 해야만 이사, 인테리어를 하더라도 큰 시너지가 있을 것입니다.

주말이면 물건으로 어질러진 복잡한 집을 떠나 깔끔한 숙소를 찾아 헤매고 있나요? 집을 나가야만 안락함을 느낄 수 있나요? 펜

션이나 호텔 등 깨끗하게 정리된 곳에 가거나 캠핑을 하러 가면 기분 전환이 되고 스트레스가 풀리는 이유를 생각해 보세요.

숙소에는 손님을 위해 필요한 물건만 있고 청소를 매일 하니 위생 상태가 좋지요. 캠핑은 내가 꾸미고 싶은 물건만 가지고 가니 마음이 평화로워지지요.

물론 숙박업소들은 대체로 잘 정리되어 있지만 위생 상태는 천차만별입니다. 위생 상태가 좋지 않은 곳에 가게 되면 저절로 기분이 나빠집니다.

집도 마찬가지입니다. 얼굴이 찌푸려지는 지저분한 공간이 아니라 스트레스를 풀 수 있는 안락한 공간이 되도록 청소하면 됩니다. 숙박업소처럼 불필요한 물건을 최소화하고 그 공간과 분위기에 맞는 물건만 두고 주기적으로 깨끗이 청소를 하면 됩니다. 참 쉽죠?

자영업을 하고 있는가? 청소를 신경 써라

손님이 다시 찾는 숙박업소, 식당 주인이 되고 싶은가요? 인테리어, 음식 맛도 중요하지만 청소 상태가 정말 중요합니다.

새로 생긴 일식집에 간 적이 있습니다. 음식이 나오기 전 전반적으로 둘러보니 위생 상태가 그리 좋지 않았어요. 테이블은 끈적거렸고 홀에는 신경을 쓰지 않은 듯 했었죠.

티슈가 보이지 않아 요청했더니 어딘가에서 주섬주섬 꺼내 오더라고요. 음식 맛은 평범했지만 서비스와 위생 상태가 좋지 않아 다시 가지 않았습니다. 홀 상태가 이러한데 주방 안 상태는 보지 않아도 알 것만 같았지요.

에버랜드 레스토랑에서 3개월가량 일한 적이 있습니다. 홀과 주방 위생 상태가 훌륭했고 아침마다 밝게 인사하는 연습을 했습니다. 에버랜드의 음식 맛은 솔직히 훌륭하진 않습니다. 하지만 서비스와 위생 상태는 얼마든지 직원 하기 나름입니다.

또 규모가 있는 호텔에 머문 적이 있습니다. 꽤 유명한 호텔이라 잔뜩 기대가 되었지요. 인테리어와 정리정돈의 상태는 좋았지만, 위생 상태가 좋지 않아 실망했던 기억이 납니다.

샤워기에 검정 곰팡이가 있었고 욕실 실리콘에도 곰팡이가 많았어요. 샤워부스는 기울어져 있어 문이 닫히지 않아 위험해 보였어요. 세면대 안쪽에도 곰팡이가 있었는데, 청소를 하긴 했겠지만 세심하게 하지 않은 듯 했습니다. 나중에 네이버 평점을 살펴보니 인근 비슷한 규모의 다른 호텔보다 2.0이나 낮았습니다.

반대로 가격은 저렴한 이비스 스타일 용산점에 갔는데 인테리어는 고급스럽진 않았지만, 위생 상태는 정말 좋았습니다.

실리콘에 곰팡이 하나 없고 구석구석 먼지 관리가 잘 되어 있어 정말 쾌적하게 머물렀습니다. (다시 가고 싶은 호텔 목록에 올려두었습니다.) 만약 자영업을 하고 있다면 꼭 청소를 신경 쓰길 바랍니다.

일상 청소는 언제 하면 좋을까?

거주 환경에 따라, 인원수에 따라 청소 주기가 달라지겠지만 보통의 경우를 말씀드리겠습니다. 방, 거실, 화장실, 발코니, 현관 등이 있으면 구역별로 나눠 쓸고 닦고 청소해야만 합니다. 즉, 우리가 거주하면서 손이 닿는 곳은 다 청소해야만 하지요.

자주 쓰는 공간인 주방, 화장실 등 물을 쓰는 공간은 더 자주 청소하면 좋습니다. 만약 아이를 키우거나 반려동물을 키우고 있다면 청소를 그만큼 더 자주 해야만 합니다.

여러분의 집이 늘 지저분하고 어질러져 있다고 가정해보겠습니다. 수십 명이 생활하는 학교와 회사, 군대가 더 깨끗한 이유가 무엇일까요? 단체생활하는 곳에는 일반적으로 일정한 청소 시간이 정해져 있습니다.

과거 응급실에서 근무했을 때의 일입니다. 생사가 오가는 공간인 만큼 밥도 제대로 못 먹을 정도로 바쁘게 일을 했어도 새벽 시간에 20분가량 청소를 했습니다.

그나마 환자가 없는 틈을 타서 청소를 한 것이지요. 그것이 환자와 보호자, 다음 근무자를 위한 예의이고요. 바닥 청소는 청소 실장이 했지만, 간호사들은 사용한 물건을 채워 넣기도 하고 피 묻은 카트와 침대를 닦았습니다.

지금 일하는 직장도, 과거 학교, 군대도 마찬가지입니다. 시간을 정해놓고 청소를 하지요. 집이라고 다를 게 있을까요? 단체생활이라 생각하고 일정한 청소 시간을 갖길 바랍니다.

예전에는 단순히 빗자루질과 손걸레로 바닥을 닦는 것이 청소라고 생각했습니다. 시간이 흐르고 청소에 관한 생각이 바뀌었지요. 단체생활을 하면서 청소가 상대방에 대한 배려라고 생각하게 되었어요.

하지만 주변을 보면 바쁜 나머지 청소가 우선순위에서 밀려난 듯 합니다. 거주 공간을 청소하는 것 또한 가족에 대한 배려입니다. 청소를 중요하게 생각했으면 합니다.

대청소는 언제 하면 좋을까?

대청소 시기는 단순히 '청소하고 싶을 때' 하면 될까요? 청소를 하고 싶어서 하는 사람은 많지 않습니다. (주위에 실생활 청소 고수들에게 물어봤을 때 하고 싶어서라기보다는 청소 후 쾌적함이 좋아서, 해야만 하기에 한다는 답이 많았어요)

공부, 운동, 출근 등 하고 싶어서 하기보다는 해야만 해서, 하다 보니 습관이 되고 재미가 생긴 경우가 있지 않나요? '청소' 또한 비슷하다고 생각해요. 하다 보니 습관이 되고 재미도 늘어난다고요.

1. '새로운 시작이다.' 싶을 때 대청소합니다. 이사하고, 취업하고, 결혼식을 앞두고, 출산을 앞두고 등 새로운 시작은 언제나 있

습니다. 그 무렵에 청소하세요. '이사'를 하면 집의 모든 공간을 청소해야 합니다.

입주청소업체에서 했다고 해도 가전, 가구, 소품 등 세부적인 청소까지 해주지 않습니다. 또한 출산 전 태어날 아이를 위한 쾌적한 환경을 만들기 위해 주방, 화장실, 침실, 거실을 깔끔하게 청소하는 것이 좋습니다.

2. '머릿 속이 복잡할 때' 청소하면 스트레스 해소에 좋습니다. 특히 잡념이 있을 때 '청소'에 몰입하다 보면 해결책이 떠오르기도 하지요. 청소는 스트레스 해소에 굉장한 도움이 됩니다. 책을 읽으면서 잡념을 잊듯이 청소하며 머리를 정리해보세요. 독서도 재미를 느끼고 습관화해야 되듯 청소 또한 마찬가지입니다.

지금 이야기한 것은 일상적인 청소가 아닌 가전, 가구, 소품 등 대청소 하는 시기를 이야기한 것입니다. 대청소를 하다 보면 우리 집 곳곳에 있는 필요한 물건, 불필요한 물건도 알게 됩니다. 청소에 이어 정리정돈도 하게 되는 것이지요.

자신의 환경에 맞춰 일상 청소와 대청소 주기를 정해보세요. 거주자의 청소만족도, 가족 구성원, 반려동물, 반려식물 등의 상황에 따라 청소 시기는 다를 것입니다. 저는 매달 1일, 분기별, 여름

이 끝나고 가을이 시작될 때로 정해 두고 가전, 가구, 소품 등을 대청소 하고 있습니다.

매월 1일 루틴

세탁실	세탁기, 건조기 청소 세탁실 바닥 청소
주방	싱크대 상판, 상·하부장 청소 싱크볼 청소 후드 청소 수저통 청소 인덕션, 밥솥, 에어프라이어, 전자레인지, 전기포트, 식기세척기 청소
화장실	검정 곰팡이, 분홍 물때 청소 거울, 벽, 천장 청소 배수구 청소
거실	소파 청소 공기청정기 청소 테이블, 의자 청소
안방	침대 시트 세탁, 이불 세탁 화장대 청소
컴퓨터방	컴퓨터 청소 책상, 의자 청소
공통청소	바닥 청소, 구석구석 물걸레질(문 손잡이,현관 바닥 등)

분기별 루틴

세탁실	채워야 될 소모품 확인 안 쓰는 소모품 확인 후 나눔
주방	냉파 해먹고 냉장고 내부 청소
화장실	화장실 채워야 될 소모품 확인 (다 써가는 샴푸, 바디워시는 화장실 청소에 쓰고 분리수거)
거실	새시 창틀 먼지 제거
안방	침대 매트리스 방향을 뒤집고 침대 프레임 청소 (매트리스를 오래 쓰려면 주기적으로 방향을 뒤집어야 합니다.)

계절 바뀔 때 (덥다가 추워질 때)

거실	선풍기 청소 후 커버 씌우고 다용도실 보관 에어컨 청소 후 커버 씌우기 가습기 청소 후 배치 커튼 세탁
안방	여름 이불, 침대시트 세탁 겨울 이불 및 탄소매트 배치 여름 의류 작년, 올해 안 입은 거 비워내기

덧셈, 뺄셈 두 가지만 기억하자

청소하는 사람은 알고, 청소하지 않는 사람은 모르는 것이 있지요. 바닥에 물건이 많을수록, 테이블 위에 물건이 많을수록 청소하기가 불편하다는 것을….

구석구석 청소하며 동선에 방해가 된다고 생각이 드는 물건을 유심히 살펴보세요. 식탁 의자만 있어도 청소하기 불편한데 식탁 아래에 잡동사니가 있어 청소하기 힘들다면 잡동사니를 빼면 됩니다.

물건을 뺀 이후에도 중요합니다. 물건을 뺀 날은 물건을 더하지 마세요. 물건을 더하기는 참 쉽고 여러 가지 방법이 있습니다. SNS 공동구매, ○○마켓, 홈쇼핑 등 유혹에서 벗어나야 합니다.

많은 이들이 쇼핑의 유혹을 뿌리치지 못하고 있다는 것은 샤워

실만 봐도 알 수 있습니다. 언제 샀는지 모를 다양한 욕실용품이 있고 거기에 분홍 물때, 검정 곰팡이가 더불어 있으며, 다 쓴 욕실용품까지 여러 개가 방치되어 있을 것입니다.

쇼핑으로 스트레스를 한순간 해소할 수 있겠지만, 그러한 샤워실에서 씻는다면 스트레스가 더 쌓일 수도 있습니다.

녹초가 된 몸을 풀어 줄 수 있는 곳은 '깨끗한' 샤워실입니다.

주기적으로 청소업체를 이용한다면

매주 청소업체를 이용해도 어질러진 집들이 있습니다. 이유가 무엇일까요? 청소업체에서는 분실의 위험성이 있어서 개인적인 물건은 정리하고 치우기 어렵다고 합니다. 보통은 설거지, 청소기 돌리기, 세탁, 세탁물 정리, 기본 정리정돈을 합니다.

정리정돈 업체도 여러 번 이용했고 청소업체를 이용하고 있으면서도 정리, 청소가 안 되어 제게 의뢰를 한 분도 있습니다. 일반적인 업체에서는 물건 정리와 청소만 하고 가서 반복적인 문제가 생긴다고 말씀하셨지요.

업체에 청소를 맡길 생각이라면 의뢰인의 마음을 헤아려줄 수 있는 업체를 선정해서 조금이나마 나은 결과를 얻길 바랍니다. 근본적인 집이 정리되려면 사는 사람들의 마음도 정리가 돼야 하며 물건이 '쌓인 이유'를 찾기 위한 노력이 꽤 오래 필요합니다. 업체 직원들이 짧은 시간에 의뢰인 마음을 다 열기는 어려운 일이겠지요.

주위에 업체를 이용해본 의뢰인, 지인들과 이야기해 본 결과, 일단 집 주인의 의견을 잘 반영해 주는 곳이 괜찮은 업체라고 봅니다. 세탁물 정리, 설거지를 제일 싫어한다면 그 부분을 이야기했을 때 신경을 써주는지 보세요.

그리고 청소 업체를 잘 선정하려면 기본적으로 의뢰인이 청소에 관심이 있어야 업체에 세심하게 요구할 수 있습니다.

청소를 전혀 하지 않으면서 1주일에 1~2회 방문하는 업체만 믿고 있다면 깔끔한 환경을 만들기 어렵습니다.

더 넓은 집으로 이사하고 싶다면?

지금 살고 있는 집이 싱크대가 작다, 수납 공간이 부족하다 등의 생각으로 더 넓은 집으로 이사하고 싶다는 경우가 있습니다. 과연 큰 평수로 이사 가면 모든 게 만족스러울까요?

살고 있는 집에 완벽히 만족하는 사람은 드뭅니다. 저 또한 '주방에 식탁을 둘 수 있는 공간이 있었다면 더 좋겠다…'. '중문이 있었더라면 겨울에 덜 추웠겠다…'. 등의 생각을 하고 있거든요. 하지만 '어떻게 하면 우리 집을 더 좋게 바꿀 수 있을까' 고민하고 있습니다.

여러분이 더 넓은 집으로 이사하면 무슨 일이 벌어질까요? 수납 공간이 늘어 더 넓게 쓸 수 있겠지요. 하지만 문제가 있습니다. 집이 커지면 수납 공간이 더 늘어나기에 그만큼 물건을 더 사서 넣을 가능성이 생깁니다. 또한 청소할 공간이 더 넓어졌기에 청소하다 지쳐 포기할 수도 있습니다. 집이 넓으면 수납 면에서는 좋을 수 있지만 평소 쇼핑을 많이 하고 청소하기 싫어한다면? 어쩌면 최악의 선택이 될지도 모릅니다.

아래 사진은 욕실 선반이 부족했던 의뢰인의 집입니다. 이렇게 청소하기 편한 환경을 만들면 청소하고 싶은 마음이 듭니다.

욕실은 그리 큰 공간이 아니고 두어야 할 물건의 종류가 많지 않습니다. 조금만 신경 쓴다면 가족도 손님도 청결하게 쓸 수 있게 됩니다. 수납 공간이 부족하여 바닥에 욕실용품을 두게 된다면 청소하기 어려운 환경이 됩니다. 청소하기 편한 환경을 만들어 놓는다면 청소하기 더 쉬워져서 자주 하게 된답니다.

단순히 진짜 쓰레기만을 버리는 것이 아니다

'진짜 쓰레기'만을 버리는 의무적으로 하는 분리배출과 살림에 관심 두고 하는 분리배출은 전혀 다릅니다. 의무적 분리배출은 귀찮아서 안 하게 되면 금방 쌓입니다.

쌓인 쓰레기에서 악취가 풍기고 집이라는 공간이 어느새 스트레스 받는 공간이 되고 맙니다. 일주일에 1회 분리배출을 한다고 치면 가족 구성원, 외식의 빈도, 배달 음식 횟수 등에 따라 양이 달라지겠지요. 하지만 분리배출 할 것은 그러한 '진짜 쓰레기' 뿐만이 아닙니다.

살림에 관심을 두고 분리배출을 해보세요. 화장실에 가보면 치약, 샴푸 등 중에 다 썼거나 다 써가는 물건이 보일 것입니다. 분리배출 하기 전에 10분만 집 구석구석 둘러보면 분리배출을 해야

하는 물건이 보일 것입니다.

다음은 주방으로 가겠습니다. 일상적으로 나온 음식물 쓰레기 뿐만 아니라 냉장고에는 유통기한이 지난 음식물이 있을 것입니다. 이 또한 분리배출을 해야만 합니다.

이러한 작은 것부터 시작해서 여유가 생기면 큰 것에 대해 분리배출을 시도할 수 있습니다. (폐가전 무료 수거 1599-0903도 참고하세요) 분리배출의 기준은 지자체마다 조금씩 달라 기준을 알고 있어야 현명한 분리배출을 하고 잘 버릴 수 있습니다.

칫솔을 플라스틱으로 분리배출 가능하다고 생각할 수 있는데 그렇지 않습니다. 칫솔은 플라스틱, 고무 등 혼합된 제품이기에 반드시 일반 쓰레기로 버려야 합니다. 저는 헌 칫솔은 최대한 청소용 솔로 쓰고 버립니다.

《그건 쓰레기가 아니라고요》 홍수열 소장의 책을 보면 지자체 규정에 상관없이 일반적인 분리배출에 대해 조금 더 알 수 있습니다.

분리배출이 어렵고 헷갈린다면 '국내 최초 한국형 분리배출 안내서'인 이 책을 한 번씩 읽어 보길 권합니다.

플라스틱을 줄이기 위해 텀블러를 쓰는가?

일회용 플라스틱의 사용이 갈수록 늘고 있다고 합니다. 플라스틱을 줄이기 위해 비닐봉투 대신 에코백을 쓰고 일회용 컵 대신 텀블러를 쓰지요. 그런데 혹시 알고 있나요? 쉽게 사고 쉽게 버리는 옷도 대부분 합성섬유로 만들어진 플라스틱이라는 것을.

텀블러를 쓰면서 무분별하게 옷 쇼핑을 한다면 어쩌면 앞뒤가 맞지 않는 행동이 아닐까요? 충동적이고 불필요한 옷 쇼핑을 줄인다면 조금 더 나은 환경이 되지 않을까 싶습니다.

플라스틱 종류는 매우 많습니다. 플라스틱과 투명 페트병을 따로 분류하듯이 플라스틱만 해도 분리배출이 복잡합니다. 분리배출을 하다보면 재활용되는 것은 많지 않으며 매립하거나 소각하는 쓰레기가 대부분이라는 걸 알게 됩니다.

'other' 표기가 되어있는 플라스틱에 포함되는 즉석밥 용기, 일부 브랜드의 커피음료 컵, 일부 화장품 용기 등은 재활용이 어렵습니다.

집에서 쓰는 일회용기를 최소화하면 쓰레기를 줄이게 되니 분리배출하는 수고도 줄일 수 있지요.

플라스틱에 대해 알면 알수록 재사용되는 플라스틱은 많지 않다는 것을 알 수 있습니다. 그 중 대표적인 플라스틱이 장난감입니다. 아이가 커가면서 가지고 놀지 않는 장난감은 처분하게 되는데 여유 공간에 책을 둘 수도 있습니다.

쓰지 않는 장난감은 나눔을 하거나 중고 판매를 할 수도 있지만 '코끼리 공장'이라는 회사에 기부할 수도 있습니다. 장난감을 수거한 후에 재사용이 가능한 것은 수리해 나눔하고, 폐기해야 할 것은 재생 소재로 생산하는 곳입니다.

물론 모든 장난감을 기부 받는 것은 아닙니다. 대형장난감(미끄럼틀), 대형 인형, 원목 장난감 등은 기부를 받지 않는다고 하니 문의 후 기부해 보세요.

틀린 그림 찾기 해본 적 있나요?

어렸을 때 틀린 그림 찾기 한 번쯤 해보셨지요? 난이도에 따라 다르겠지만 명확히 다른 것은 찾기가 쉽지요. 정리정돈, 청소도 비슷한 부분이 있습니다. 명확히 더러워 보이고, 치워야만 할 곳은 딱 3분만 스캔해도 잘 보입니다.

일단 세면대를 살펴보세요. 비누 거치대의 오염이 심하고 기울어져 있을 거예요. 비누 거치대에는 지저분해 보이는 비누가 있기 마련입니다. 아래에는 버려야만 할 것 같은 비누 주위로 실리콘에 곰팡이도 보입니다.

수전 주위 역시 물때나 곰팡이가 보이며 수전 아래에도 검은 곰팡이가 보입니다. 배수구 부근에 분홍 물때도 거슬립니다. 일회용 면도날은 수명을 다한 것만 같습니다. 좌측 아래에는 머리카락 하나가 보입니다. 이런 식으로 청소가 필요한 부분을 구별해 보고 시행에 옮겨 보기를 권합니다.

제게 사연을 보내주는 분들이 공통으로 하는 말이 있습니다. 자신의 집을 사진찍거나 동영상을 찍어서 보니 더 부끄러웠다고요. 사진, 동영상을 찍어 제3자가 보는 것처럼 객관적으로 보는 것은 확실히 다른 느낌입니다.

여러분도 치우고 싶은 공간을 사진이나 동영상으로 찍은 후 틀린 그림 찾기 하듯이 본다면 분명 치워야 할 것과 청소해야 할 곳을 구별할 수 있을 것입니다.

11

포기한 것은 놓아주자

물건을 버리지 못하는 이유는 다양합니다. 그중 하나가 포기하지 못했거나, 언젠가 하겠지 하며 갖고 있는 물건이지요. '자격증 시험을 다시 볼 수도 있겠지'라며 두는 책, '언젠가 다시 운동하겠지'하며 버리지 못하는 운동용품. 이런 물건을 놓아주는 과정을 필수로 거쳐야 합니다.

의뢰인 집에서 정리를 할 때 물건을 분리수거장으로 내보내며 많은 이야기를 나눕니다. "러닝머신을 치우고 읽고 싶은 책들만 정리해 두면 보기 좋지 않을까요?"

포기한 것을 내보내며 지금 더 중요시하는 물건을 재배치하는 것이지요. 한때 몇 번 쓰기는 했지만 러닝머신을 옷걸이로 쓰는 경우가 많지요? 시간이 지나며 열정을 다시 불태우기 쉽지 않기에 포기한 것은 놓아줄 필요가 있습니다.

column 3 장끼남의 집

서재·피시방·작업공간

1평 남짓한 방이지만 서재이자 피시방이자 작업공간으로 쓰고 있습니다. 수납장에는 책과 기타 서류를 수납했어요. 정리 관련 책, 본업 관련 책, 육아 도서도 몇 권 있습니다.

여기서 책도 읽고 아내와 같이 좋아하는 게임을 하기도 합니다. 유튜브 영상을 편집하는 공간이기도 합니다. 이 공간에서 책을 읽거나 편집을 하다 보면 인생의 방향에 대해 생각하게 됩니다.

더 나은 방향은 무엇이 있는지 가장으로 더 할 수 있는 건 없는지 사색에 빠지기도 하지요. 여기서 이 책을 쓰기도 했습니다.

좁은 공간이라도 잘 정리되어 있다면 활용도가 높아집니다. 조명과 분위기를 달리하여 그때그때 상황에 맞게 쓰고 있습니다. 그만큼 자주 청소하고 정리에 신경을 씁니다. 나만 쓰는 공간이 아니기에 조금 더 관리하면 배우자도 쓰기 편한 환경이 됩니다.

현관

현관은 사람이 들어오고 나갈 뿐만 아니라 복이 들어오고 나가는 공간이라고 생각합니다. 1평이 채 안 되는 이 공간마저 창고로 쓰는 사람이 있습니다. 쓰레기가 쌓이고 택배 상자가 쌓이고 먼지가 쌓이는 공간이라면 들어오려던 좋은 기운마저 문을 열고 돌아설지도 모릅니다!

가족이 기분 좋게 나갔다가 들어올 수 있는 현관을 만들어야 합니다. 외출 후 들어온 신발에는 먼지가 많기에 현관 역시 자주 청소하지 않으면 먼지가 금방 쌓입니다. 중문이 있다면 그나마 다행이지만 중문이 없다면 거실로 그대로 먼지가 다 들어오지요.

택배를 받자마자 포장지를 뜯기 위해 쓰레기통을 두기도 하고 칼, 가위를 두기도 합니다. 물론 깔끔하고 안전하게 둔다면 괜찮지요. 하지만 칼, 가위를 현관 입구에 대롱대롱 걸어 둔다면 위험합니다.

동선을 편하게 하는 것은 좋지만 최우선으로 안전을 고려해야만 합니다. 본업이 소방공무원 구급대원이다 보니 여러 사고 상황을 늘 겪습니다. 사고는 단 한

순간의 실수로 생기는 경우가 많으니 미리 대비해야만 합니다.

우리 집 현관 같은 경우는 출, 퇴근하며 챙겨 나갈 수 있게 차 열쇠를 두고, 음식물 쓰레기 열쇠도 두었습니다. 왜건을 쓰는 분도 많은데 왜건은 짐을 싣기에 유용하지만 생각보다 무겁고 보관하기 어렵습니다.

저는 우산꽂이를 뜯어내고 왜건을 넣어 보관하고 있습니다. 무거운 왜건을 발코니 안쪽까지 들고 갈 필요 없으니, 동선이 편해집니다.

현관 앞 복도를 보면 그 사람이 어떻게 살아왔으며 어떤 미래가 펼쳐질지 유추할 수 있는 부분이 많습니다. 계단식 아파트 기준으로 이야기해볼게요. 공동 공간임에도 불구하고 옆집 공간, 엘리베이터 앞까지 택배 상자부터 가지각색의 짐, 쓰레기를 두는 사람은 이웃에 대한 배려심이 부족할 가능성이 있겠지요.

물론 배려심이 원래 부족한 것인지, 특별한 일이 있어서 옆집을 생각할 여유가 없는지는 속사정을 들어봐야 합니다.

현관문을 열었을 때 발 디딜 공간이 많다면 마음의 여유도 넉넉할 가능성이 큽니다. 발 디딜 공간이 없으며 쓰레기와 먼지가 많고 열 켤레 이상의 신발이 뒤섞여 있다면 마음도 어지럽게 뒤섞여 있을 가능성이 있습니다.

원래 마음에 여유가 있고 현관도 청결히 관리하던 사람인데 어느 순간부터 흐트러지는 경우도 있습니다. 가정에 무슨 일이 있거나 어떤 상황이 마음을 흔들어 놓았을 가능성이 있습니다.

현관은 중요합니다. 좋은 기운이 들어오고 나쁜 기운은 나갈 수 있게 가꾸어 보도록 하시지요.

PART

3

살림 4영역

세탁

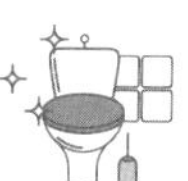

세탁기 버튼만 누르는 것이 세탁이 아니다

여러분은 세탁을 어떻게 생각하세요? 세탁기가 알아서 해주는 것이라고 생각하고 있을지도 모릅니다. 하지만 세탁은 생각보다 쉽지 않습니다.

세탁물을 넣고 세탁세제를 넣고 버튼만 누르는 게 세탁이 아니거든요. 세탁물에 맞게 세제를 써야 하며 세탁기, 건조기 등의 가전도 유지보수를 해야만 깨끗이 세탁할 수 있습니다.

보통 세탁세제, 섬유유연제를 넣고 손상 가능성이 큰 의류에는 울 코스 전용세제를 넣어 세탁하라고 합니다.

왜 세제를 여러 개 분류해서 써야 하는지 알고 있나요? 그 원리를 알면 불필요한 세제를 줄일 수 있습니다.

흔히 사용하는 일반 세탁세제는 보통 베이킹소다가 함유된 약알칼리성의 세제입니다. 세탁된 후 헹굼 과정에 넣는 섬유유연제는 산성이기에 헹굼 과정에서 섬유유연제가 정전기 방지뿐만 아닌 잔여 세탁세제를 중화시켜 줍니다.

즉 세탁세제와 섬유유연제의 순서는 지켜야 하고 섞어 넣어도 안 되지요. 섬유유연제 대신 구연산을 1~2스푼 넣어 헹궈도 되는데 구연산 또한 산성이기에 중화작용을 하기 때문입니다.

혹시 흰옷을 더 하얗게 만들기 위해 세탁세제에 추가로 과탄산소다를 넣어 세탁한 적이 있나요? 과탄산소다는 베이킹소다보다 강알칼리성 세제이면서 표백 작용을 하기에 추가로 쓰는 것이지요.

베이킹소다, 과탄산소다를 이야기했으니 빠지면 섭섭한 구연산은 말 그대로 구연'산'입니다. 산성이기에 식초와 쓰임이 비슷하다고 생각하면 쉽습니다. 주전자의 물때를 제거할 때 구연산이나 식초를 넣는 이유가 같은 원리이지요.

특별히 다기능 세탁세제(예를 들어 캡슐 세제 등), 친환경 주방세제 등이 있는데 그러한 것들은 제외하고 이런 기본 원리를 알면 청소, 세탁하기에 편합니다.

그렇다면 손상 가능성이 큰 의류 세탁에 왜 울 코스 전용세제를 넣을까요? 중성세제라 옷의 손상도가 덜한 제품이기 때문입니다. 그렇다면 모든 세탁물에 울 코스 전용세제를 쓰면 안 되냐고 생각할지도 모릅니다. 울 코스 전용세제는 중성이라 세탁력이 떨어지며 보통 더 비쌉니다.

물론 요즘 유행하는 캡슐형 세제는 중성세제에 효소작용을 더해 세탁력도 끌어올렸지만 단점도 있습니다. 소량의 세탁물을 돌릴 때는 캡슐 세제를 잘라 넣을 수 없어서 불편합니다.

그리고 세탁물이 많을 때는 캡슐형, 세탁물이 적을 때는 전용세제를 넣으려고 여러 세제를 다 갖추기에는 공간 차지하는 값이 아깝습니다.

과탄산소다, 베이킹소다 구연산을 구분하자

살림 좀 한다는 분이라면 과탄산소다, 베이킹소다, 구연산을 다 가지고 있을 겁니다. 하지만 가지고 있기만 하고 사용하지 않는 사람도 있고 용도에 맞지 않게 사용하는 경우도 있습니다. (비빔밥처럼 다 섞어 쓰는 분도 있습니다.)

과일 세척에는 과탄산소다, 구연산이 아닌 베이킹소다를 쓰면 좋습니다. 과일은 보통 산성인데 약알칼리성인 베이킹소다를 이용해 중화작용으로 씻으라는 것입니다.

같은 알칼리성이지만 강알칼리성인 과탄산소다는 과일 세척에 쓰지 않으며 산성인 구연산도 단독으로는 과일 세척에 쓰지 않습니다.

베이킹소다는 과일 세척뿐만 아니라 주방의 기름때 제거, 냄새 제거에 효과가 있는 저렴한 세제이니 용도에 맞게 활용하면 됩니다.

과탄산소다는 보통 세척력을 증가시키기 위해 씁니다. 흰옷의 얼룩을 제거하기 위해 쓰기도 하지요. 저는 살균작용을 위해 싱크대 배수구 청소에 쓰고 있습니다.

구연산은 물때 제거에 좋습니다. 커피포트 안의 물때, 주방, 화장실의 물때는 물의 성분인 칼슘, 마그네슘, 철 등의 미네랄이 석회화되면서 흰 얼룩이 생긴 경우가 많고 알칼리성 성분입니다. 그래서 산성인 구연산을 이용해 중화작용으로 청소하는 것입니다.

커피포트의 청소 방법은 다양해요. 구연산 외에도 식초, 김빠진 콜라, 각설탕 등 청소에 쓰이는 꿀템이 많습니다. 전부 산성 성분을 띠고 있기에 청소에 효과적이라고 기억해 두면 편합니다.

이제 실제 생활에서 응용하기 좋은 청소법을 알려드릴게요. 귤, 레몬 껍질을 활용하는 방법이 있습니다. 새콤한 산성 성분이라 물과 귤, 레몬 껍질 등을 커피포트에 넣고 끓이면 자연적으로 청소가 되는 것입니다.

산성, 알칼리성은 구분해서 알아두면 좋습니다. 강산성에는 구연산이 있고 약산성에는 콜라, 식초, 섬유유연제가 있습니다. 중성으로는 울 세제, 주방세제(종류마다 다름)가 있습니다. 약알칼리성에는 베이킹소다, 일반 세탁세제가 있으며 강알칼리성에는 과탄산소다, 락스가 있습니다.

과탄산소다는 산소계 표백제이며 락스는 염소계 표백제입니다. 락스에 뜨거운 물을 부으면 염소가스가 발생하는 것은 이 때문이지요. 이 정도만 알아두면 '세제 좀 안다' 싶을 정도로 살림할 수 있을 것입니다.

특히 세제를 쓸 때는 안전하게 쓰는 것이 정말 중요해요. 각각의 다른 세제 성분을 잘 모르겠다면 섞지는 마세요. 산성과 알칼리성이 반응하여 화학반응을 일으키는 과학실험을 하고 싶지 않다면 말이지요.

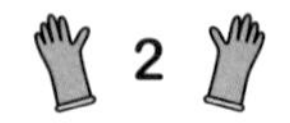

곰팡이 함유 세제를 쓰고 있지 않은가?

세탁은 열심히 하는데 세탁기는 청소 안 하는 사람이 많습니다. 세탁조를 다 뜯어서 청소한다는 것은 부담스러운 일이겠지요. 물론 돈을 들여 업체를 불러 대청소할 수도 있지만, 매번 그렇게 하는 건 경제적으로 부담입니다.

저는 세탁기 세제 투입구, 세탁물 입구, 배수펌프, 세탁조 통 세척을 '1달에 1번' 청소하고 있습니다. 그렇게 관리해야 깨끗하게 세탁됩니다.

책을 내려놓고 세탁기의 세제 투입구를 한번 열어보세요. 곰팡이가 보이지 않나요? 곰팡이가 있는 세제 투입구에 세제를 넣고 있는 셈입니다.

곰팡이와 세제가 뒤섞여 내려간 '곰팡이 함유 세탁세제'를 쓰지 않길 바랍니다. 주기적으로 관리하면 세제 투입구도 늘 깨끗하게 유지할 수 있습니다. 그리고 세탁기를 돌린 후 세제 투입구, 세탁기 문을 늘 열어서 건조하세요. 작은 루틴으로 더 쾌적하게 쓸 수 있습니다.

세탁기 통세척을 하고 싶은데 세탁조 세제를 사러 가기 귀찮다고요? 집에 있는 세제로도 충분히 할 수 있어요. 과탄산소다를 두 스푼 정도 넣고 세탁조 코스를 눌러주세요. 1달에 1번씩 하면 세탁기를 좀 더 쾌적하게 쓸 수 있을 겁니다.

저는 과탄산소다를 즐겨 쓰다 보니 과탄산소다는 부족하고 구연산이 남을 때가 있습니다. 이럴 때는 구연산을 종이컵 1개 정도 넣어 통세척을 하기도 합니다. 과탄산소다만큼은 아니겠지만 그런대로 청소가 되거든요. 이가 없다면 잇몸으로!

하지만 집에 락스가 많다고 해서 세탁조 청소에 쓰지는 마세요. 락스 원액을 장기간 반복 노출하면 스테인리스를 부식시킬 수 있기에 부품에 손상이 갈 수도 있습니다.

빨래가 뻣뻣하다고요?

세탁 후 자연 건조를 했는데, 빨래가 뻣뻣한 경험 한 번쯤 해보셨을 겁니다. 세탁세제의 알칼리성 성분으로 인해 뻣뻣해지는 겁니다. 이 뻣뻣함을 없애 주는 것이 '섬유유연제'인데 구연산의 산성 성분이 빨래에 적용되어 부드럽게 해주지요. 조금 더 부드러움을 원한다면 구연산을 헹굼 과정에 쓰면 됩니다.

저를 포함하여 운동을 좋아하는 분들이 있을 겁니다. 일상복과 다르게 운동복은 땀에 젖어 아무래도 냄새가 나지요. 우리 몸의 땀은 시큼하게 느껴지는데 산 성분이기에 그렇습니다.

산 성분에 알칼리성인 베이킹소다를 이용해 세탁을 하면 냄새를 없애는 데 효과적이겠지요.

강의를 하며 과탄산소다, 베이킹소다, 구연산을 어떻게 쓰는지 물어봅니다. 어떤 수강생 한 분은 3개를 섞어 쓰신다고 하셨는데 이분은 가정에서 화학실험을 하고 계신 것일 수도 있어요.

잘 모르겠다면 각자 역할에 맞게 따로 쓰는 게 가장 좋습니다. 알칼리성으로 뻣뻣한 빨래에는 산성인 구연산을 쓰고, 시큼한 운동복에는 알칼리성인 베이킹소다를 사용합니다. 과탄산소다는 표백, 살균 기능이 있기에 흰 면티 세탁에 효과적입니다.

4

과탄산소다 말고 탄산소다

여러 가구를 방문하고, 강의를 하며 탄산소다를 쓰는 분은 딱 한 분 봤습니다. 흔히 과탄산소다, 베이킹소다, 구연산을 쓰는 분은 많지만, 탄산소다는 많이 쓰지 않습니다. 하지만 탄산소다는 알면 알수록 유용한 세제입니다.

흔히 쓰는 과탄산소다를 예를 들어 볼까요? 배수구에 과탄산소다를 뿌려두면 화학반응이 일어납니다. 그때 탄산소다가 되고 과산화수소가 만들어집니다. 탄산소다는 단백질을 분해하여 세정, 냄새 제거 효과가 있고 과산화수소는 살균작용을 합니다.

그래서 오염이 심한 곳에는 과탄산소다를 쓰고, 살균작용까지는 필요 없고 기름기 제거, 세정, 세탁 등에는 탄산소다를 쓸 수 있습니다.

탄산소다는 과탄산소다와 다르게 온수가 아니어도 잘 녹는다는 이점이 있습니다. 그래서 탄산소다를 설거지, 세탁에 유용하게 쓰고 있는 분을 만난 적이 있습니다.

자신에게 맞는 세제를 찾아 써보길 바랍니다. 저는 오염이 심한 싱크대 배수구를 과탄산소다를 이용해 청소하고, 기름기가 심한 식기류는 탄산소다를 이용해 설거지합니다.

거꾸로만 안 쓰시면 됩니다!

column 4 장끼남의 집

발코니A

정리정돈이 잘 되지 않는 집의 특징! 바로 발코니를 잡동사니를 두는 '창고'로 여깁니다. 단독주택을 제외하고 집에는 창고가 있으면 안 됩니다. '창고'라고 인식하는 순간 온갖 잡동사니의 집합 장소가 되어 버리지요.

사전에 신청자로부터 집 영상을 받아볼 때 특히 발코니 공간을 유심히 본 후 방문합니다. 발코니에 쌓인 짐을 보면 아이가 있는지, 취미는 무엇인지, 동선 활용을 잘하는 거주자인지 등 많은 것을 알 수 있어요. 물론 환기, 청소에 어느 정도 신경 쓰는지도 알 수 있습니다.

정리정돈은 특별한 것이 없습니다. 짐을 적재하는 공간인 '창고'가 아닌 물건을 잘 쓸 수 있도록 '수납하는 공간'을 만들면 됩니다.

우리 집 발코니A에는 계절가전과 캠핑 장비, 유튜브 촬영 용품을 수납하고 있습니다. 발코니 바닥에 많은 짐을 두면 청소하기가 어려워 먼지가 쌓이기 마련입니다. 더러워서 보기 싫어 문을 열지 않게 되고 저절로 그 곳은 습해지게 됩니다. 습한 곳을 좋아하는 것은? 바로 곰팡이지요.

흔히 물건을 종이박스에 담아 발코니에 적재하는 경우가 있습니다. 하지만 종이박스는 내용물이 보이지 않아 기억에서 멀어지기 쉬워요. 명확하게 라벨링 하거나 투명 플라스틱 수납 상자를 추천합니다.

발코니B

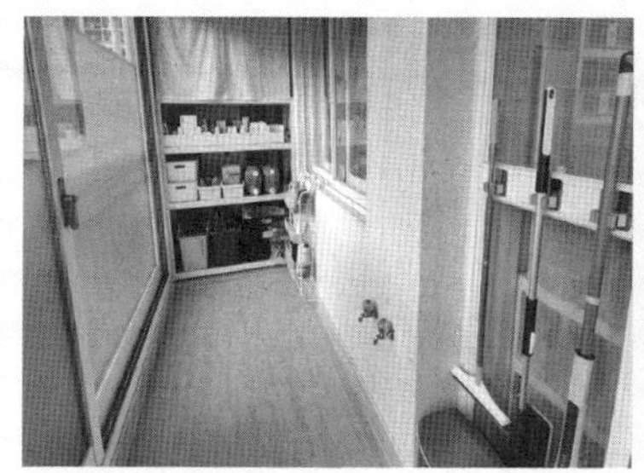

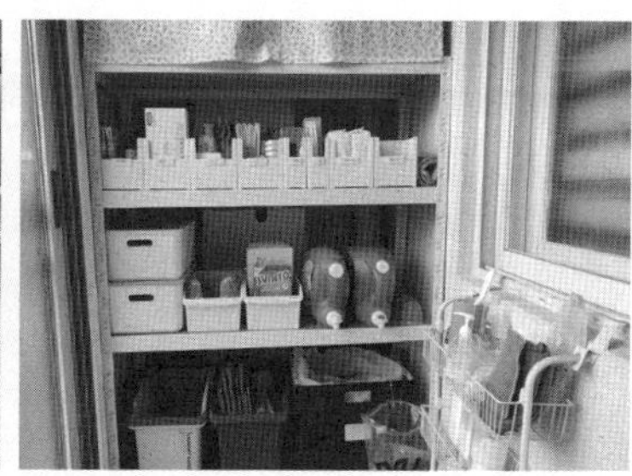

세탁실, 소모품, 분리수거, 청소 용품을 두는 공간입니다. 20평대라서 수납 공간이 어쩔 수 없이 부족하지요.

이럴 때는 죽은 공간을 살리면 됩니다. 집에 따라 이런 공간이 달라지는데 관심을 두다 보면 숨은 공간이 보이게 됩니다. 마치 사람도 곁에 관심을 두고 지속해서 보면 그 사람에게 보이지 않던 매력이 보이는 것처럼요.

저는 보일러 앞에 폭 40㎝, 가로 120㎝ 정도 앵글을 설치해서 쓰고 있습니다. 보일러가 고장 나서 수리할 일이 있다면 앵글을 앞으로 빼내면 됩니다.

물론 번거로운 면이 있겠지만 득과 실을 따졌을 때 저에게 득이 더 크게 느껴집니다.

인생은 크고 작은 선택의 연속입니다. 득과 실을 고민해서 조금이라도 나은 방향을 선택하여 공간을 효율적으로 쓰길 바랍니다.

냉장고는 '창고'가 아닙니다. 냉장고를 열어보지 않아도
대략적인 식자재가 머릿속에 그려져야 합니다.
우리 집에 무엇이 필요한지 잘 고민해서
'불필요한 장보기'만 줄여도 집안 경제에 큰 도움이 됩니다.
'현명한 장보기'는 장점이 많습니다.
버려지는 식자재를 줄여 환경에도 좋고,
돈도 아끼고 음식물 쓰레기가 적으니
싱크대 청소를 자주 안 해도 됩니다!

PART
4

살림 5영역

장보기

살림 6영역

요리

살림 7영역

돈 관리

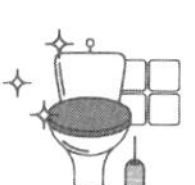

불필요한 식자재를 최소화해라

식자재를 얼마나 구매하시나요? 구매하는 식자재를 제때 요리하지 않는다면 아마도 버려지는 양이 상당할 것입니다. 하나하나 다 돈 들여 구매하는 식자재를 즐겁게 요리하려면 어떻게 해야 할까요?

제일 중요한 것은 요리하기 좋은 편한 동선을 만드는 것입니다. 요리를 정식으로 배운 건 아니지만 군대에서 취사병에게 "일을 도와줄 테니 여유 있을 때 칼질이랑 기본 요리를 알려 달라"고 한 적이 있습니다.

그때 요리를 배우며 느낀 것은 '요리하기 편한 동선'을 만들어야 한다는 것. 그리고 '무엇보다 위생이 중요하다'는 것이었지요. 한식 기준으로 자주 쓰는 조미료는 간장, 소금, 고춧가루, 고추장, 참

기름, 설탕 등입니다.

그래서 저는 많은 조미료를 두지 않습니다. 물론 다양한 요리를 시도하는 경우라면 더 많은 조미료가 필요하겠지만 저는 주로 쓰는 조미료와 추가 소량의 조미료만 두고 있습니다.

주로 쓰는 조미료는 조리대 하부 장에 두고, 냉장 보관해야 하는 조미료는 냉장고에 보관하고 있지요. 바로 쓰기 위해 조리대에 조미료를 많이 꺼내 둔다면 공간이 좁아집니다. 결과적으로 요리하기 불편해지고 점점 청소하기가 힘들어지겠지요. 결국 위생 상태가 나빠질 확률이 높습니다.

식자재를 중복소비 하는 이유는 주방에 있는 물건의 양을 파악하지 못해서입니다. 냉장고만 보더라도 언제 샀는지 모르는 식자재가 있지 않나요? 그러다보면 중복소비하게 될 수밖에 없겠지요.

냉장고는 '창고'가 아닙니다. 냉장고를 열어보지 않아도 대략적인 식자재가 머릿속에 그려져야 합니다. 그렇기에 퇴근길이나 운동하고 집으로 돌아가는 길에 필요 식자재만 적당량 사서 들어가기도 합니다. 냉장고에 육류는 있고 채소는 부족하니 오늘은 채소만 사서 육류와 함께 먹으면 균형 있는 식단이 되겠다고 생각하는 식입니다.

우리 생활에서 냉장고에 음식물이 쌓이기 시작한 것은 그리 오래된 일이 아닙니다. 어느 순간부터 엄청난 광고가 쏟아지고 식자재 소비를 부추기고 있지요.

마트에 가게 되면 '아! 그때 광고에 나왔던 거 먹어 볼까?'라는 생각이 들고 냉장고에 보관하고 싶어집니다. 마트에 가면 1+1, 광고 등에 현혹되기 쉽고 온라인 쇼핑 핫딜은 쉼 없이 소비자의 구매를 부추기지요.

웬만한 뚝심이 있지 않고서야 물건을 살 수밖에 없는 환경이지 않은가요? 과거와는 정말 달라졌습니다. 현명한 소비를 하려면 자신에게 맞는 장보기 방법을 찾는 것이 중요합니다.

장보기는 크게 세 가지가 있습니다. 전통시장, 대형할인점, 인터넷 쇼핑. 모두 장단점이 있습니다. 전통시장에서는 필요한 양만큼 구매할 수 있고 정겨운 인심을 느낄 수 있습니다. 하지만 접근성이 떨어지고 주차장이 잘 갖춰지지 않거나 날씨가 좋지 않았을 때 불편함이 있지요.

저는 종종 나들이 겸 먹거리도 살 겸 전통시장에 갑니다. 장점은 카트를 끌고 다니지 않기에 과소비를 할 수 없다는 것이지요. 대형할인점에서 늘 카트에 산처럼 쌓듯 장을 봤다면 전통시장도 한 번 이용해 보세요.

그에 반해 대형할인점은 다양한 제품이 있어 회사별로 비교하며 구매하기 좋습니다. 정확한 용량, 가격, 성분함량도 명시되어 있어 전통시장보다 편리하고 날씨 제한이 없고 주차장도 편리하지요. 어찌보면 과소비하기 좋은 시스템을 갖췄습니다.

마지막으로 인터넷 쇼핑. 가장 많이 이용하게 되는데 역시 과소비하기 가장 좋은 시스템이라고 생각합니다. 대형할인점, 전통시장에서라면 무거워서 망설이는 아이템도 한 번의 클릭과 결제로 살 수 있죠. 또 무료배송 금액을 채우려고 많이 사기 쉽습니다.

요즘에는 한 개만 사도 무료배송인 곳도 있어서 필요하지 않은 물건을 자주 사는 단점도 있습니다. 반대로 생각하면 대형할인점에서 많이 사는 것보다 인터넷 쇼핑으로 필요한 만큼만 사는 것이 장점이 되기도 하지요.

시간과 에너지를 절약할 수 있지만 핫딜, 공구를 자주 하게 된다면 인터넷 쇼핑은 줄여야 할 필요가 있습니다. 우리 집에 무엇이 필요한지 잘 고민해서 '불필요한 장보기'만 줄여도 집안 경제에 큰 도움이 됩니다.

'현명한 장보기'는 장점이 많습니다. 버려지는 식자재를 줄여 환경에도 좋고, 돈도 아끼고, 음식물 쓰레기가 적으니 싱크대 청소를 자주 안 해도 됩니다! 현명한 장보기로 장점을 누려보세요.

1

미역국 하나는 끓일 줄 알아야 한다

소고기 미역국 레시피

재료: 소고기, 마른미역, 참기름, 소금, 깐 마늘, 국간장, 조미료

(취향에 따라 소고기대신 참치통조림, 조개, 황태 등 대체 가능)

❶ 미역을 불린다.

❷ 미역의 물기를 제거한다.

❸ 참기름에 미역을 볶는다.

❹ 소고기도 같이 넣어서 볶는다.

❺ 물 넣고 다진 마늘 넣고 끓인다.

❻ 끓이다가 간을 한다.

❼ 취향에 따라 다시다, 소금, 국간장으로 간을 한다.

❽ 완성!

- 2012년 취사병 전우에게 배운 레시피

저는 군대에서 처음 요리를 배웠는데 자주 쓰는 식자재, 조미료, 조리도구, 몇 가지 조리법을 적어두었던 기억이 납니다. 처음으로 배웠던 요리는 '미역국'인데 지금도 주기적으로 해 먹고 있지요. 어렵지 않은 요리이지만 사랑받을 수 있는 요리입니다.

미역국은 생일날 먹는 음식으로 인식되어 있지만, 평소에 먹기 좋고 영양가도 좋은 음식입니다. 더불어 부모님, 아내, 장모님, 장인어른 생신 때 끓이면 사랑받을 수 있으니 참고하세요.

미역국 하나 끓이는데도 편리한 동선은 중요합니다. 일단 냉장고에서 식자재를 꺼내세요. 보통은 준비 대에 두는 것이 좋지만 공간이 협소하여 식탁이나 아일랜드 식탁 위에 두기도 합니다. (아이를 키우는 집은 젖병 소독기, 분유 포트 등의 가전으로 싱크대 공간이 부족합니다.)

식료품 보관함에서 미역을 꺼내 불립니다. 실온 보관 가능한 식자재를 두는 곳은 집마다 다른데, 한곳에 모아두는 것이 좋습니다. 미역을 불리는 동안 소고기를 준비합니다. 불린 미역은 물기를 제거해야 하는데 물기를 제거하기 위해선 개수대 하단에 채반을 보관하여 바로 사용하는 것이 좋습니다.

물기를 제거한 소고기와 미역을 볶기 위한 간장, 참기름을 꺼냅니다. 조리대 근처에는 양념장을 두어 동선을 짧게 하는 것이 좋으나 화구 근처에 두면 양념장 용기가 오염되기 쉬워 밖에 두는 것은 최소화합니다.

화구 근처 하부 장에 프라이팬, 냄비를 보관하는 것이 요리하기 편합니다. 저희 집은 화구 밑 하부 장에 식기세척기가 있기에 프라이팬은 조리대 밑, 냄비는 개수대 아래에 보관 중입니다.

싱크대가 넓다면 개수대 아래쪽에 청소 세제나 주방 관련 청소 용품을 보관해도 좋지만, 싱크대 공간이 협소하다면 냄비, 쟁반 등을 보관하는 방법도 있습니다.

식자재가 있는 곳, 조미료가 있는 곳, 조리 도구가 있는 곳 등 동선이 짧아야만 요리를 편하게 할 수 있어요. 그래야 시간과 에너지를 절약할 수 있습니다. 동선이 편해야 뒷정리도 하기 편합니다. 앞에서도 이야기했지만, 청소, 정리정돈, 분리배출이 같이 이뤄져야 하는 것이 '요리'입니다.

사실 매일 삼시세끼를 해 먹지는 않습니다. 맞벌이하고, 교대근무를 하다 보니 배우자와 한 끼도 같이 못 먹는 날이 있습니다. 유튜브 활동, 강의 일정 등 바쁠 때는 간단하게 먹기도 하지요. 자녀에게 배달 음식, 외식만이 아닌 직접 요리해 줄 수 있는 아버지이자 남편이 되는 게 저의 목표입니다.

주방에서 동선을 최소화하는 공식

주방에서의 동선은 정말 중요합니다.

❶ 냉장고에서 식자재를 꺼냅니다.

❷ 준비대에 식자재를 두고 포장지가 있다면 개봉합니다.

❸ 개수대에서 식자재를 씻고 손질합니다.

❹ 조리대에 식자재를 자르고, 양념장을 올려놓습니다.

❺ 가열대에서 조리합니다.

❻ 배선대에서 그릇, 컵, 보관 용기 등을 꺼내 담습니다.

저희집 주방입니다. 일반적인 20평대의 흔한 주방 구조이지요. 주방 구조의 역할에 맞게 써야만 요리가 편하고 청소, 정리정돈하

기가 편합니다. 위 주방 배치는 정리수납 자격증 과정에 맞춘 것입니다. 하지만 주방 구조는 같은 아파트, 빌라여도 각각 다 다르지요. 각자 주방 가전, 가구 종류도 크기도 다르기에 공식에 따라 배치한다는 것이 쉽지는 않습니다.

하지만 각각 다른 환경임을 감안하더라도 주방 동선과 위생이 중요하다는 것을 꼭 염두에 두세요. 주방의 안정적 환경을 갖추기 위해 많은 시간을 들여야만 합니다. 주방을 담당하는 사람과 가족을 위해서요. 주방은 매일 가족의 식사를 책임지는 중요하면서도 소중한 공간이니까요.

쇼핑으로
얻는 것이 무엇인가?

의식주에 꼭 필요한 물건을 제외하고 '주문' 버튼을 누른 후 스트레스가 풀렸다고 느낀 적이 있나요? 사실 일시적 스트레스 해소이지 근본적 스트레스 해소와는 관계없을 가능성이 큽니다.

집에 쌓여 있는 짐들을 해결하기 위해 수납 용품을 사서 넣어본 경험이 있지 않은가요? 사실 수납한 것이 아니라 그저 숨겨놓은 것일 가능성이 큽니다.

이런 불필요한 쇼핑이 반복되면 돈은 부족해집니다. 불필요한 소비로 늘 돈이 없다고 불평할 가능성도 커지지요.

일반적인 직장인이라면 월급의 범위는 비슷할 것입니다. 저는 20대에 꾸준한 저축으로 대출은 있지만, 구리시에 아파트를 샀습니다. 나름 안정된 삶을 꾸리고 있는 것이지요.

충동적 쇼핑, 해외여행, 자동차가 제게는 없었습니다. 오로지 주거를 위한 보증금 마련을 위해 달렸었지요. 간호사를 시작으로 지금은 소방공무원으로 일하며 저만의 미래와 목표가 있기에 즐겁게 살고 있습니다.

저는 쇼핑을 거의 하지 않습니다. 이미 다 가지고 있는 물건을 중복 소비한다는 것을 알고 있습니다. 필요한 소모품 위주로 구매하고 불필요한 잡동사니는 거의 사지 않습니다. 어렵게 마련한 집이라는 공간에 자리 차지만 할 가능성이 크기 때문입니다.

아이쇼핑은 즐기지만 늘 더 현명하게 돈을 쓰는 방법에 대해 고민합니다. 월급을 늘릴 수 없다면 내부 지출을 틀어막아야 합니다.

그 중의 가장 큰 내부 출혈은 불필요한 쇼핑이라 과감한 결단력이 필요합니다. 저는 알고 있습니다. 쇼핑을 최소화해서 집에 물건이 없을수록 통장은 쌓여가고 공간은 여유로워진다는 것을….

합리적인 소비를 했다고 생각하는가?

대용량 물건, SALE이라고 적혀있는 물건을 다 쓰지도 못하고 먹지도 못하는데 일단 에라 모르겠다 하며 산 적이 있지 않은가요? 쿠폰 할인, 리뷰 작성 등의 혜택을 받아 남들보다 저렴하게 샀다고 해서 합리적 소비라고 할 수 있나요?

예를 들어 A라는 사람은 사과 한 상자를 모든 할인을 받아 만 원에 샀지만, 2주일 뒤 반 이상 썩어 있다고 생각해보세요. B라는 사람은 사과 반 상자를 할인 없이 만 원에 샀고, 일주일 만에 다 먹고 상자를 분리배출했습니다. 무엇이 합리적인 소비일까요?

'3시간 특별 할인!' 다시는 핫딜이 없을 거라는 생각에 큰 가전이고 가구를 충동적으로 산 적이 있지 않나요? 쓰던 가전, 가구가 있는데도 놓을 공간도 측정하지 않고 급하게 구매하는 것은 정말

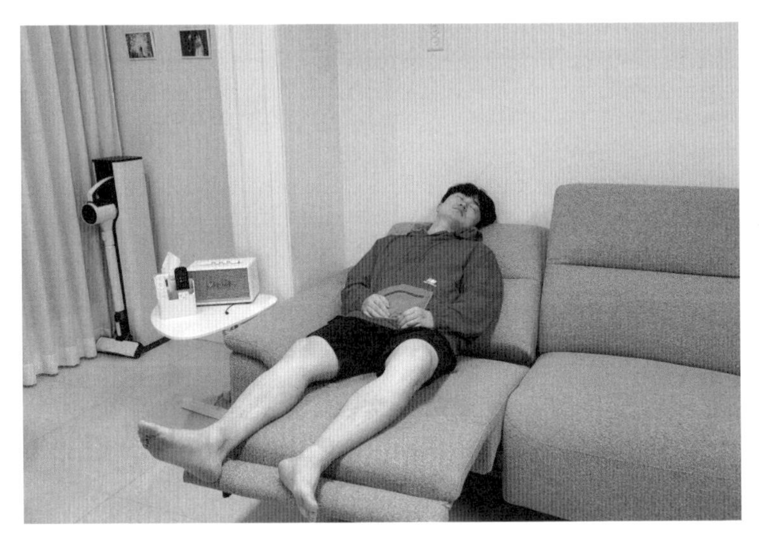

소파 구매를 신중히 고민하다보니 저렴하게 사서 아주 잘 쓰고 있습니다.

현명하지 않은 소비입니다.

물론 최저가로 구매한 순간에는 뿌듯하겠지요. 하지만 정말 필요한 물건인지 판단하고 꼼꼼하게 사이즈를 측정한 후 구매해도 늦지 않습니다. 신중히 고민하고 생각하다보면 핫딜에 맞춰서 사는 기회가 올 수도 있어요.

소파를 사야하는데 리바트 매장에 직접 가서 앉아 보고 거실 폭 사이즈도 재 보며 구매를 고민하고 있었어요. 그러던 중 마침 핫딜을 한다는 걸 알게 되었고 좋은 가격에 구매해 아주 잘 쓰고 있지요.

일반적으로 이런 저런 경로를 통해 집으로 물건이 쉽게 들어오는 일은 많지만, 기존에 쓰던 낡은 것은 내보내기는 어렵습니다. 이 행동이 반복되면 물건은 쌓일 수밖에 없고 돈은 줄어들 수밖에 없습니다.

살이 왜 찔까요? 나가는 열량 대비 들어오는 열량이 많아서입니다. 누구나 알고 있는 쉬운 원리를 늘 염두에 두어보세요. 살도 안 찌고 물건도 쌓이지 않을 것입니다.

소비를 통제해야만 한다

숨만 쉬어도 돈은 그냥 쑥쑥 나갑니다. 통장을 정리해보면 실감이 팍팍 나지요. 식비, 통신비, 의료비, 공과금, 세금, 보험료 등등 필수적 지출을 제외해도 나가는 돈이 참 많지요.

저는 매일 가계부를 쓰지는 않습니다. 가계부는 돈을 쓰고 난 후의 행동이기에 쓰기 전 돈의 흐름만 파악해 두고 처음부터 소비를 통제합니다.

1년에 분기별 또는 변동금리가 적용될 때 엑셀을 수정하여 매달 현금흐름을 파악합니다. 이렇게 해두면 1, 3, 5년 뒤 자산을 대략 예측할 수 있으며 맞벌이 부부 중 한명이라도 일을 쉬게 되면 평범하게 살기도 쉽지 않다는 것을 알게 됩니다.

소비 통제를 기본으로 하되 별도의 부수입원을 만든다면 좋겠지요. 먼저 소비 습관을 스스로 진단해보세요. 돈이 실제로 어디로 흘러나가는지를 알아야 합니다.

소비를 통제하면 공간의 여유, 마음의 여유, 통장의 여유를 가질 수 있습니다. 시험 삼아서라도 소비를 꼭 한번 통제해보길 바랍니다. 그렇다고 자린고비가 되라는 것은 아니고 '불필요한 소비'를 하지 않고 '필요한 소비'를 권합니다.

인생의 시기마다 필요한 소비, 현명한 소비가 달라집니다. 2024년의 현명한 소비는 아내와의 여행이었습니다. 유튜브를 시작하며 유튜브로 별도의 수입원이 생기면 여행비로 쓸 것을 약속했습니다.

아내와 여행을 하는 것, 추억을 쌓아나가는 것. 그것이 지금 저에게 꼭 필요한 소비입니다.

2024년 0월 자산 흐름 표

구분	현재 고정지출		구성비
보험	○○보험	100,000	10%
	○○보험	100,000	
	보험 소계	200,000	
고정비	○○통신비(핸드폰, 유튜브 프리미엄)	75,000	51%
	○○통신비(핸드폰, 유튜브 프리미엄, 인터넷, TV)	80,000	
	관리비+가스비	150,000	
	주택담보대출(고정금리)	690,000	
	○○친목회비	20,000	
	○○친목회비	30,000	
	정수기 렌탈비	20,000	
	고정비 소계	1,065,000	
저축	○○주택청약	20,000	26%
	○○주택청약	20,000	
	○○적금(0%) ○○년 ○○월 만기	500,000	
	저축 소계	540,000	
교통비	하이패스	50,000	14%
	유류비	150,000	
	대중교통비	100,000	
	교통비 소계	300,000	
지출합계		2,105,000	100%
축의금+조의금(월평균)		300,000	
총필요가계소득		2,405,000	
주거비용		690,000	

(엑셀 표를 작성 후 냉장고에 붙여놓고 분기별로 수정하고 있습니다.)

작동을 안 하면 무조건 새로 산다?

잘 쓰던 물건이 없어졌거나 작동이 안되면 어떻게 하세요? 쉽게 다시 사지 말고 유상 A/S 받기 전에 자가 수리를 해보세요. 최근 우리 집 컴퓨터에서 경운기 소리가 난 적이 있었습니다.

유심히 들어보니 본체 파워서플라이에서 소리가 나더군요. 팬의 회전을 잠시 멈추었더니 다른 부속품은 잘 작동하고 파워서플라이 팬에서만 소리가 나더라고요.

인터넷을 찾아보니 윤활 작용이 떨어져 팬에서 소리가 나고 있을 가능성이 컸습니다. 파워서플라이를 분해해서 윤활 작용을 할 수 있게 해주니 컴퓨터는 잘 작동했습니다.

자동차 엔진오일을 주기적으로 갈아 주듯 컴퓨터 또한 그런 작용이 필요치 않았나 싶습니다. 이런 식으로 고장 원인을 분석하다

보면 큰 소비를 막을 수 있습니다. 우선 인터넷이나 유튜브 검색부터 해보세요.

이렇듯 웬만한 가전은 주기적으로 청소하고 잘 관리하면 오래 쓸 수 있습니다. 특히 먼지를 다루는 청소기, 세탁기, 건조기, 공기청정기 등은 더더욱 더 자주 청소하길 권합니다. 관리를 소홀히 하다보면 새로 사야 하거나 유상 A/S를 받게 될지도 모릅니다.

아! 고장으로 인해 새 물건을 샀다면? 기존의 고장난 물건은 바로 처리하길 바랍니다. '들어오는 게 있으면 나가는 게 있어야 한다'는 원칙을 잊지 마세요.

가전 말고도, 집에 관련된 유지 보수에도 관심을 가져보세요. LED등 교체, 타공 후 선반 설치, 수전 설치, 커튼이나 블라인드 설치 등 조금만 관심을 두고 배워보면 할 수 있는 것들이 있습니다.

집수리 관련 영상들도 많지만 《집수리 닥터 강쌤의 셀프집수리》라는 책을 추천합니다. 집의 어떤 부분을 유지 보수해야하는지 알 수 있고 기본인 공구류 용도도 배울 수 있습니다.

집에 관심을 가지다보면 공간이 더 소중해집니다! 그리고 2만 원 정도의 책 한 권으로 수십만 원의 소비도 줄일 수 있을 것입니다.

자신에게 어울리는 소비를 찾아라

자신에게 맞는 옷이 있듯 소비도 가치관이나 라이프 스타일에 맞게 해야 합니다. 저희 부부는 소비에 대한 가치관이 비슷합니다. 여행을 가게 되면 휴게소 음식을 덜 사먹기 위해 냉장고에 남은 간식, 음료를 챙겨가기도 하지요.

돈도 절약되고 냉장고에서 방치되는 음식물도 줄일 수 있거든요. 물론 아내는 홍천휴게소의 알감자를 아주 좋아합니다!

또 특별한 경우가 아니면 배달 음식을 먹지 않고, 먹게 되더라도 산책 겸 걸어가서 포장해 오거나 직접 가서 먹습니다.

운동도 되고 대화도 나누고 배달비도 아끼고 얼마나 좋은가요? 저희 상황이 허락하고, 가치관도 비슷해서 가능한 일입니다. 어떤 가정은 여건상 배달을 더 선호할 수도 있겠지요. 자신에게 맞는 소비를 하면 되는 것입니다.

더 나은 주거환경을 추구하는데, 매일 같이 불필요한 쇼핑을 하고 있고 버려지는 음식물도 많다면 앞뒤가 맞지 않는 이야기 아닐까요? 버려지는 음식물이 많아, 음식물 쓰레기를 버리러 가기가 힘들어서 음식물 처리기를 사지는 않았나요?

첫 단추를 잘못 끼우는 순간, 되돌리기가 참 힘듭니다. 자신에게 맞는 소비를 찾는 일은 긴 고민과 노력이 필요합니다. 자신을 잘 들여다보며 어울리는 소비를 찾길 바랍니다.

냉장고에서 방치되다 버려지는 음식물이 없도록 관리한다면 비용도 절약하고 공간도 확보할 수 있습니다.

1주택자는 무엇을 해야 하나?

저는 열심히 대출 상환을 하고 있는 1주택자입니다. '안정된 거주 공간'이 중요하다고 생각했기에 또래 친구들보다 조금 일찍 집주인이 되었습니다. 덕분에 집에서 이리저리 고쳐보고 더 열심히 청소, 정리정돈해보는 경험을 쌓았습니다.

부동산 공부를 하며 가진 자본금을 계산했을 때 맞벌이를 하고 서로 번갈아 육아휴직을 쓴다는 조건, 현재 소비 습관을 고려해보니 충분히 매매할 수 있다는 답이 나왔습니다.

보금자리론 3억 30년 상환 고정금리 2.28%, KB 소방공무원 대출 6천만 원 1.9% 변동금리, 공무원연금공단 대출 3천만 원 1.6% 변동금리 3개의 대출 합쳐서 원리금 상환 월 110만 원 가량이었습니다. 둘이 합쳐 소득이 평균 월 600만 원(세후)이기에 주거비로

110만 원을 쓰는 건 합리적이라고 생각했어요.

수도권에서 20평대 아파트에 거주하려면 목돈이 많지 않은 이상 월세든 전세든 100만 원 가량을 지출해야하는 건 마찬가지 아닐까요? (24년 1월 기준 변동금리인 신용대출 원금은 상환했습니다)

고금리 시기에 힘들진 않았냐고 물어들 보시더라고요? 가장 큰 금액인 주택담보대출이 고정금리이고 변동금리인 신용대출을 최대한 빨리 상환했기에 견딜 수 있었습니다. 물론 매매가보다 실거래가가 떨어질 수는 있다고 봅니다.

하지만 투자 목적이 아닌 실거주 목적이라 묵묵히 대출상환을 하고 있습니다. 전월세의 불편함을 알기에 지금 삶의 만족도가 매우 높습니다.

급변하는 경제 환경에서 1주택자는 어떠한 방향으로 나아가는 게 좋을지 고민이 되었어요. 그 결과 나 자신에게 투자해야겠다는 생각이 들었습니다. 내가 가장 좋아하고 잘할 수 있는 살림과 유튜브를 접목해 보면 어떨까 싶었지요.

과거 도로교통공단을 통해 거동이 불편한 분들 댁에 방문하여 살림을 도와드렸던 경험이 있었기에 그 경험과 유튜브를 접목한 콘텐츠는 나만의 콘텐츠가 되지 않을까 싶었습니다.

그런 가운데 즐겨보던 경제 채널인 'TV러셀'에 공무원 부부의 아파트 매매 사연을 보냈습니다. 고소득자가 아니어도 실거주

1채 마련이 가능함을 알리고 싶었습니다.

다행인지 제 마음은 잘 전달됐고 유튜브를 해보라는 댓글도 있었습니다. 그날로 유튜브 관련 책을 읽고 편집도 공부했습니다. 그렇게 시작한 유튜브를 기점으로 TV, 잡지, 타 유튜브 출연, 강의 등 열심히 활동하고 있습니다.

나만의 브랜드 '장끼남'을 만들어 투자해 가고 있지요. 여러분도 부동산, 주식, 코인에 몰두하지 말고 자신에게 투자하는 방법도 고려해 봤으면 합니다.

돈 벌기가 돈 쓰는 것보다 100배는 어렵다

돈 버는 게 어려운 일임을 알고 있는 것이 참 중요해요. 그래야 돈을 덜 쓰게 됩니다. 저는 어렸을 때 아르바이트하며 처음 '돈이 무엇인지' 절실히 느꼈어요. 당시 내 노동의 대가가 야간 아르바이트 시급 3천 원의 가치라는 것을요.

이후 응급실에서 일하며 선임에게 야단도 맞고 술 취한 사람들에게 폭언도 듣고 밥도 못 먹고 일하는데, 월급은 언제나 참 부족했습니다. 무조건 아끼자는 생각밖에 없었습니다.

사실 저는 아끼는 것을 잘합니다. 식비를 아끼고 좋은 일을 한다는 생각에 헌혈 50회를 한 기억이 납니다. 아침을 거르고 헌혈하러 가서 음료수와 초코파이를 먹고 헌혈했습니다. 헌혈하고 받은 롯데리아 햄버거 쿠폰으로 저녁 식사를 했지요.

대학생 때는 어쩌면 무식하게 아꼈습니다. 취업하고 결혼한 이후로는 적당히 품위 유지를 하며 지내고 있습니다. 간호사, 소방관으로 10년 가량 사회생활을 하며 투잡으로 일한 적은 이번이 처음입니다.

얼마 되지 않지만, 유튜브 수익이 생기고 종종 강의비, 타 유튜브 출연비 등 받아 보니 돈 벌기가 어렵다는 사실을 다시 한 번 깨닫게 되었습니다. (공무원 겸직 허락받은 후 활동하고 있습니다) 본업에 대한 만족도가 더 올라가게 되는 계기가 투잡이 될 줄이야!

가족센터에서 강의 의뢰가 들어왔을 당시 90분 가량의 1회 강의를 하는데 15만 원의 강의비를 받았습니다. 90분에 15만 원? 시급 10만 원의 일처럼 보이겠지만 강의 준비에 시간이 많이 걸렸습니다.

이동 거리도 멀었고 강의실 구조 파악, 강의 장비 상태 파악, 사전연습을 하기 위해 저녁 7시 강의임에도 오후 3시에 출발했었지요. 모든 시간을 합치면 시급 10만 원이 아닌 시급 1천 원의 일일 수도 있습니다.

하지만 수강자들에게 좋은 정보를 전달하는 경험의 가치는 돈으로 환산할 수 없기에 앞으로도 계속할 생각입니다. 돈 벌기가 쉽지 않음을 늘 마음에 새긴다면 더욱 합리적인 소비를 할 수 있지 않을까요?

column 5 장끼남 루틴

매월 1일 주방살림 루틴

주방의 위생 상태가 들쭉날쭉 하다면 매월 1일 이렇게 해보세요.

1. 플라스틱, 나무 재질 조리 도구를 식초물(온수 1리터 기준 식초 100㎖)로 살균 소독합니다. (그 외에 스테인리스 조리 도구는 열탕소독.)
2. 수저통은 주방세제로 닦아냅니다.
3. 화구 주위 오염이 심한 타일에 PB-1(순간세정제)을 이용해 분사(기관지, 점막, 피부에 직접 닿지 않게 주의) 후 10분 방치합니다. 그 후 닦아냅니다. 오염이 심하지 않은 타일은 알코올 소독제로 닦습니다. (마스크, 장갑 착용 및 환기 꼭 하세요.)
4. 알코올 소독제와 극세사 타올로 상, 하부장을 닦아 줍니다. (오염도가 심한 곳은 알코올 소독제를 직접 뿌리고, 심하지 않다면 타올에 뿌려서 사용하세요. 직접 분사는 최소화하는 게 안전합니다)
5. 알코올 소독제로 화구를 닦습니다. (오염이 심하면 전용 클리너를 사용하세요)
6. 싱크대 상판을 알코올 소독제와 행주로 닦아 줍니다.
7. 싱크볼, 후드 필터를 과탄산소다를 이용해 청소합니다. (더러움이 남은 부분은 헌 칫솔을 이용해 닦아 줍니다.)
8. 새 행주로 주위 물기 및 수전을 닦고 마무리합니다.

집안 깔끔하게 유지하는 15분 루틴

여러분은 15분만 할 수 있다면 무엇을 할 것인가요?

어제도 돌렸던 청소기를 15분 동안 또 돌릴 건가요? 저는 15분 동안 전반적인 물건의 정리정돈, 간단한 청소를 합니다. 현관 입구를 시작으로 거실, 방, 주방 등 물건의 제자리를 찾아줍니다.(15분 루틴이 가능하려면 물건의 지정석이 정해져있어야 합니다.)

❶ 현관에 벗어둔 신발을 신발장에 넣습니다.
❷ 테이블에 둔 컵 또는 리모컨을 제자리에 두고 행주로 닦습니다.
❸ 쓰레기통이 다 찼는지 확인 후 비웁니다.
❹ 싱크대에 있는 그릇들을 식기세척기에 넣고 음식물 쓰레기를 정리합니다.
❺ 세탁물을 넣고 세탁기를 돌립니다.

15분을 투자해 '루틴 살림'을 하고 저만의 시간을 갖습니다. 필요하다면 이후 다시 15분 살림을 하면 됩니다. 세탁물을 건조기에 넣거나 행거에 걸어줍니다. 또 화장실 또는 싱크대 하나만 정해서 15분만 들여 청소합니다.

살림을 몇 시간씩 하면 지치고 재미가 없지요. 스스로 재미를 붙일 수 있는 정도의 루틴을 만들어야 꾸준히 지속할 수 있습니다.

여러분이 건강해야 가족의 건강을 챙길 수 있습니다.
거꾸로 가족이 여러분의 건강을 돌보게 될 수도 있겠지요.
육체적, 정신적 건강 중 하나라도 관리가 되지 않는다면
가정의 행복을 유지하기가 쉽지 않습니다.
체력이 좋아지고 건강해지면 무엇이든 할 수 있는
뒷받침이 됩니다. 삶의 기본은 결국 체력이 아닐까요?

PART
5

살림 8영역

건강 관리

살림 9영역

육아

내가 건강해야
가족 건강도 챙길 수 있다

여러분이 건강해야 가족의 건강을 챙길 수 있습니다. 거꾸로 가족이 여러분의 건강을 돌보게 될 수도 있겠지요. 사고나 유전적 요인으로 인해 어쩔 수 없는 경우를 제외하고는 건강에 관심을 가지고 신경을 써야합니다. 신체적 건강뿐 아니라 정신적 건강 관리도 중요합니다.

육체적, 정신적 건강 중 하나라도 관리가 되지 않는다면 가정의 행복을 유지하기가 쉽지 않습니다. 그렇기에 건강 관리에 시간과 돈을 투자하는데 아까워하지 말기를 바랍니다.

저의 건강 관리 기준은 '배 나온 남편, 아버지가 되지 말자'라는 것입니다. 배가 좀 나온다 싶으면 열심히 관리합니다.

평소에는 잘 먹고 가볍게 15분~20분 정도의 근력 운동과 아내와 산책을 하는 것이 전부입니다. 그러다 배가 좀 나온다 싶으면 운동량을 25분~30분으로 늘리고 음식량도 조절합니다.

배가 나온다는 것은 혈관이 기름져지고 있다는 뜻이며 고혈압, 당뇨, 고지혈증 진단 가능성이 올라간다는 뜻입니다. 매일 할 수 있는 자가검진으로 여러분의 배를 유심히 살펴보길 권합니다.

사실 운동으로 건강 관리를 하는 것만큼 좋은 재테크가 없습니다. 운동으로 체력이 좋아지고 건강해지면 무엇이든 할 수 있는 뒷받침이 됩니다. 삶의 기본은 결국 체력이 아닐까요? 체력이 약해 무기력하다면 무엇을 할 수 조차 없겠지요.

저에게 본업을 하며 남는 시간에 어떻게 다른 집에 가서 청소하느냐고 많이 물어보십니다. 골프 치고 술 먹고 하는 시간에 다른 집에 가서 청소하며 움직이는 게 오히려 건강 관리에 도움이 된다고 생각합니다. 사실 다른 집 청소 선약 덕에 술 약속을 못 하기도 합니다. 돈도 절약하고 건강 관리에도 도움이 되고 있지요.

시간 없다, 돈 없다 핑계는 그만!

돈이 없어 운동을 못 한다는 핑계를 대는 분도 많습니다. 가족이 잠든 시간에 컴퓨터, 스마트폰에 매달리지 말고 근처 놀이터에 가서 매달려보세요. 헬스장 턱걸이 부럽지 않습니다.

시간이 없다는 것도 운동하기 싫다는 대표적인 핑계지요. 핸드폰을 들고 쓸데없이 헤매지 말고 핸드폰을 내려놓고 아령을 들어보세요.

보디 프로필 촬영 목표로 운동을 많이 하는데 저는 추천하지 않습니다. 보디 프로필 촬영 후에 제자리로 돌아가는 경우를 많이 봤기 때문입니다. 단기적으로 보여주기는 좋지만 장기적으로 유지하려면 다른 방법을 권합니다.

저는 장애물 달리기, 마라톤 등 체력을 직접 확인하고 또래와 비

매달리기만 해도 상체운동이 꽤 됩니다

교할 수 있는 대회에 참가합니다. 그 목표를 위해 근력이 부족하면 근력을 더 키우고 체력이 부족하면 체력을 키우는 방향으로 건강 관리를 하고 있어요. 그렇다고 운동 능력이 뛰어난 것은 아닙니다. 지치지 않고 꾸준히 관리하자는 생각입니다.

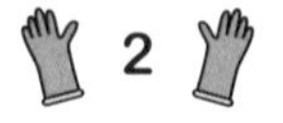

다이어트에 성공해 본 적 있는가?

다이어트 성공의 기준은 무엇인가요? 자신이 생각하는 성공 기준과 타인이 보는 성공의 기준은 다릅니다. 타인이 보는 성공의 기준은 보디 프로필을 찍을 정도의 기준이겠지만 체중 유지만 할 수 있어도 성공이라고 생각하는 사람도 있습니다.

평범한 사람의 기준으로 보면 보디 프로필을 찍을 수 있는 몸은 평생 유지하기가 힘듭니다. 하지만 체중 유지를 평생 목표로 잡는 것은 가능합니다.

집 정리 역시 다이어트와 다를 게 없습니다. 성공이라는 기준이 다르지만, 성공을 한 번 맛보면 그 성공한 상태를 유지하기 위해 노력하게 되거든요.

다이어트든 정리정돈이든 자신만의 '성공' 기준에 부합할 수 있게 노력해 보세요. 그 이후 평생 할 수 있는 정도로 목표로 잡아가면 됩니다.

저 역시 다이어트, 정리정돈을 제가 할 수 있는 정도로 유지하고 있습니다. '배 나온 남편만은 되지 말자.', '배가 나오는 순간 모든 게 귀찮아질 것이다.' 라는 생각을 마음 한편에 두고 있지요.

물론 점점 나이가 들면 배가 나올 수 있지만 노력할 수 있는 데까지는 해보려고 합니다! 정리 정돈도 본인이 할 수 있는 정도, 여러분이 감당 가능한 정도의 물건의 수를 유지하는 것이 가장 중요해요.

아이 키우기 좋은 환경을 만들어 놔야 한다

아이를 키우기 좋은 환경이 무엇인지 의뢰인들과 지인을 통해 간접적으로나마 경험하고 있습니다. 사람은 누구나 환경에 따라 감정이 달라집니다.

주거환경이 불안정하면 마음도 불안하고 스트레스에 취약해집니다. 그런 불안함과 스트레스는 가족에게도 직접적으로 또는 간접적으로 전달됩니다.

제주도 비자림을 산책했을 때 조용하고 쾌적한 환경에서 있기만 해도 마음이 안정되는 게 느껴졌어요. 그렇다면 주거환경에서 안정은 무엇일까요? 저는 '청각 소음' 외에도 '시각 소음'이 있다고 생각합니다.

시각 소음을 최소화하는 것이 안정감을 주는 것이지요. 비자림은 너무 멋진 숲으로 시각적으로도 훌륭했고 공기도 좋고 소음도 없었기에 스트레스가 절로 풀리며 힐링이 되었습니다.

반면 시각적 안정이 되지 않는 공간이라면 아마 스트레스를 유발하는 요소가 많을 것입니다. 세탁실에 세탁물이 쌓여 있는 것을 보는 순간, 싱크대에 그릇이 쌓여 있는 것을 보는 순간, 먼지가 수북이 쌓인 가구를 보는 순간…. 어떨까요? 스트레스가 차곡차곡 적립되지 않을까요?

스트레스 요인을 줄여야 거주하기 좋은, 마음이 편안한 환경이 된다고 생각합니다. 부모가 불안정하면 아이 또한 불안정해지기 쉽습니다. 주거환경을 안정적으로 바꿔보세요.

아이에게 좋은 것만 먹이고 좋은 것만 보여주고 좋은 환경에서 살게 해주고 싶은 것은 누구나 마찬가지일 것입니다. 집 밖에서의 좋은 것, 좋은 환경만 보는 것을 우선시하지 말고 집안에서부터 시작해보세요.

이 책이 출간될 즈음 저는 아마도 육아에 전념하고 있을 것 같습니다. 마음먹었던 대로 아이 키우기 편한 집으로 만들기 위해 많은 노력을 기울이고 있어요. 환경뿐만 아닌, 더 적극적인 아빠가 되기 위해 관련 서적도 읽고 몸과 마음을 가다듬고 있습니다.

임산부 혼자 밥 먹게 하지 말자

임산부의 마음은 저도 잘 모릅니다. 하지만 임산부댁 청소, 정리정돈을 종일 하며 같이 식사를 하게 되었습니다. 의뢰인은 총 8일간의 정리정돈, 청소가 끝난 후 편지 한 통을 써주었습니다. 임산부가 혼자 밥을 해서 잘 차려 먹기가 어렵다고 했습니다.

남편이 장기간, 장거리 출장을 갔고 집에 혼자 있으면 1인분만 배달해 먹기도 애매하고 1인분만 밥을 차리자니 퇴근 후 매번 체력이 받쳐주지 않았다는 것이지요.

'같이 청소, 정리정돈하고 배달해서 먹던 밥이 편하고 고마웠다' 적혀 있었습니다. 이 편지를 읽고 임산부의 '식사'에 대해 다시 생각하게 되었습니다.

이 책을 읽고 있는 독자의 아내가 임신을 했다면 꼭 같이 식사하길 바랍니다. 임산부의 식사에 대한 중요성은《임신 출산 육아 대백과》(삼성출판사)에도 나와 있습니다.

가정에서 홀로 외로운 싸움(전반적인 살림)을 하는 사람들을 보면 배우자가 골프 치러 갔다는 경우가 더러 있습니다. 집에서 홀로 살림하는 상황을 이렇게나 힘들어하는데 골프가 그리도 중요한가 싶었습니다.

물론 골프가 비즈니스의 일부인 경우도 있고 사회와 소통하기 위한 하나의 수단일 수 있다는 것을 압니다. 하지만 비즈니스를 위한 골프와 친목을 위한 골프를 잘 구분하여 어느 한쪽은 자제하면 어떨까요?

돈 버는 것의 주목적이 가족을 위한 것 아닌가요? 골프채 잡을 시간에 배우자 손을 잡는 시간을 조금 더 늘린다면 좋은 부부 생활로 이어지지 않을까 싶습니다.

스크린 골프를 하며 화면을 보는 것이 아닌 배우자와 같은 드라마를 보며 이야기를 나눌 수도 있겠지요. 골프채를 들고 필드를 걷는 것이 아니라 함께 산책하러 나갈 수도 있습니다.

동료들이 쉬는 날 골프치러 갈 때 저는 집에서 살림하거나 유튜브 편집을 합니다. 그러다 아내의 퇴근 시간에 맞춰 데리러 가기도 하지요. 하하. 이 얼마나 가성비 있는 취미인가요?

취미 생활에 진심인가?

어느 한 분야에 꽂혀 있는 사람이 있습니다. 가정엔 소홀하면서 세차에는 진심인 경우가 대표적인 예입니다. 저는 손 세차를 하는 시간과 돈을 다른 곳에 활용합니다.

분기에 한 번 정도는 조금 더 꼼꼼히 하기 위해 셀프세차장에 가서 열심히 세차하기도 하지요. 세차장을 유심히 보면 몇 시간 동안 홀로 털고 광내고 하는 사람들이 있습니다.

제가 간단하게 셀프세차를 끝내고 장을 보고 다시 돌아오는 길에도 휠을 닦고 계신 분들이 종종 있었지요. 차는 기본 청결만 신경 쓰고 차에 쓸 에너지와 시간을 배우자와 자녀와 시간을 보내는 게 어떨까 싶습니다.

"저는 세차에 진심이지만, 육아 열심히 참여하고 있는데요? 한 달에 한 번은 제가 목욕시키고 있어요!"라고 한다면 더 드릴 말은 없습니다.

세차 말고도 개인 취미에 꽂혀 가정을 소홀히 하는 경우도 더러 있습니다. 싱크대에 그릇이 쌓여 있고, 분리 수거통에는 벌레가 득실득실, 거실은 발 디딜 틈이 없는 데도 테니스에 빠져 도무지 여유가 없다면?

물론 건강 관리를 위한 테니스는 좋습니다. 하지만 한 분야에만 '꽂혀서' 가정을 소홀히 하지 않았으면 합니다.

사교육이 그렇게 중요한가?

도시에 와서 지내보니 가정마다 사교육이 큰 화두인 듯 싶습니다. 강원도 고성군 거진읍에 태어나 고등학교를 졸업할 때까지 학원을 총 넉 달가량 다녀본 저로서는 사교육 열풍이 좀 이해가 되지 않았어요.

취업하고 수도권에 올라왔을 당시 사교육 열풍이 어마어마함을 피부로 느꼈습니다. 집을 알아보다보니 중계동, 목동, 대치동 등 굵직한 학원가는 집값도 비싸고 학부모들이 사교육에 진심임을 알게 되었습니다.

사교육에 너무 열중하면 부부간에 좋은 대화가 이뤄지기 쉽지 않다는 것도 알게 되었어요. 물론 경제적 여유가 있다면 원하는 만큼 사교육에 투자를 할 수도 있겠지요.

하지만 어쩔 수 없이 사교육 비용을 많이 지출할 수 밖에 없다는 것을 회사 동료를 통해서 눈으로 보고, 듣고 있습니다. 특히 양가 부모님이 근처에 안 계신다면 맞벌이 부부의 경우 사교육에 아이를 맡기는 것이 현실인 듯합니다.

신생아부터 고등학생까지 자녀를 키우는 댁에 방문해서 정리정돈, 청소하며 느낀 것이 있습니다. '정말 현명하게 아이를 키우시는구나!', '나도 이런 부모가 되고 싶다'라는 생각이 드는 분들은 대체로 육아 관련 서적을 많이 읽으시더라고요.

저에게도 육아 관련 서적을 선물해주기도 했습니다. 제가 처음 읽은 육아 도서는《엄마가 모르는 아빠 효과》라는 책으로 김영훈 박사가 쓴 것입니다.

프롤로그에 '경제적 성공이 지상의 목표였던 부자 아빠의 시대가 가고 있다. 이젠 아이와 함께 부대끼며 아이의 재능을 발견하고 두뇌 발달을 촉진하는 친구 같은 아빠를 더 필요로 하는 시대'라고 쓰여 있습니다.

에필로그에서는 '사회적으로 능력을 갖추고 있으면서 아이들을 성공시키기 위해 적극적으로 노력하는 가정적인 아빠들이 우리 사회에도 늘어나고 있다'는 이야기로 마무리하고 있습니다. 가정에서 많은 시간을 보내라는 조언이지요. 지난 10년간 살림을 본격적으로 시작하기 전에 책으로 배웠듯 육아도 책을 시작으로 열심히 배워보고자 합니다.

스승님에게 육아를 배우는 방법

《논어》의 '삼인행 필유아사'는 세 사람이 길을 가면 반드시 내 스승이 있다는 뜻입니다. 제가 찾아뵙는 의뢰인댁에 스승이 있을 수 있다는 뜻이지요. 그렇기에 남의 집에 방문하는 제 유튜브 콘텐츠는 스승을 만나러 가는 기회라고 생각합니다.

특히 살아있는 육아 강의를 듣고 있지요. 만나는 모든 의뢰인에게 정리정돈, 청소를 가르쳐 드리는 것만이 아닌 '육아'를 비롯해 많은 것을 배우고 있습니다. 서로에게 좋은 스승이 되고 있는 셈이랄까요?

유튜브에 영상으로 내보내진 않았지만 여러 직업의 고충에 대해 이야기하며 배우는 것도 참 많아요. 소방구급대원은 경찰관을 여러 사건 사고로 현장에서 자주 만나게 됩니다. 현장에서 서로 고충을 토로할 수는 없습니다.

그런데 의뢰인 중 경찰관이 있었습니다. 사석에서 서로의 고충을 이야기하다 보니 서로를 조금 더 이해할 수 있었지요. 다양한 직업군을 만나 얻는 배움은 여러 환자와 보호자를 응대하는 제 본업에도 큰 도움이 되고 있습니다.

장난감에 대한 깊은 고민이 필요하다

미취학 아동을 키우는 가정의 큰 고민은 장난감 문제입니다. 장난감은 집이라는 공간에서 큰 부분을 차지하고 있기도 하지요. 아이 장난감 구매 문제에 대한 하나의 방법을 말씀드릴게요.

지인이 대형할인점에 가면 늘 장난감 전시대를 가서 하나씩 사줬더니 아이에게 대형할인점은 곧 장난감을 사는 곳으로 인식이 됐다고 합니다. 많은 분이 공감할 이야기입니다.

제 유튜브 채널에 장난감 정리 영상에 '우리 집에도 장난감이 많은데 버리기가 참 애매하다'라는 댓글을 많이 보았습니다. 다양한 이유로 장난감을 많이 구매하고 있기 때문이겠지요. 성인도 쇼핑의 유혹을 뿌리치기 힘든데 아이는 오죽할까요?

다른 지인은 아이가 장난감 유혹을 겪지 않게 하려고 장난감 전

시대가 크게 있는 대형할인점은 가지 않고 장난감이 많지 않은 하나로마트나 일부러 전통시장을 이용한다고 합니다.

어렸을 때 전통시장의 정겨움을 기억할 것입니다. 장난감이 대책 없이 집에 쌓이는 경우라면 대형할인점이 아닌 전통시장을 통해 장난감이 아닌 경험을 주는 것도 좋은 방법이라고 생각합니다.

아이들이 양손에 태블릿을 쥐고 있는 경우를 자주 볼 수 있습니다. 저 어렸을 적과는 다르게 어디서든 영상에 노출되기 쉽습니다.

영상에 나온 캐릭터와 닮은 장난감을 사고 싶은 마음은 누구나 어렸을 때 한 번쯤 느껴보셨을 겁니다. 《세일러문》이라는 만화를 보면 볼수록 캐릭터 장난감에도 관심이 가듯이….

아이들의 과도한 영상 노출이 장난감이 많아지는 이유와 연관성이 있다는 것을 생각해 보았으면 합니다.

column 6 장끼남 생각

관계 정리도 필요하다

코로나19를 겪고 장기간의 거리 두기를 경험하면서 '관계'에 대해 많은 생각을 했습니다. 나에게 에너지를 주는 사람이 있지만, 에너지를 빼앗아 가는 사람도 있지요.

대표적으로 여러분의 에너지를 빼앗아 가는 사람은 일상에서의 불만을 많이 이야기하고 정서적으로 불안함을 전달하는 사람입니다. 물론 누구나 그런 면이 없을 수는 없지만 어떠한 상황 구별 없이 지속적으로 그런 사람을 말하는 것입니다.

최근 저를 앞으로 한발 더 나아가게 하고 좋은 힘을 준 사람이 있습니다. 같이 구급차를 탔던 형인데, 함께 당직 근무하던 날 혈액암 판정 소식을 듣고도 정신력으로 이겨내면 된다고 했던 형입니다.

긴 시간 동안 투병하고도 치료와 꾸준한 운동으로 이겨내 지금은 복직하여 잘 지내고 있습니다. 형이 항암치료하는 동안 집에 가서 청소, 정리정돈을 해주었는데 그 체력 좋던 형이 잠시 빨래를 정리하다 힘들다며 눕는 모습에 안쓰러웠지요. 그 와중에도 제게 좋은 에너지를 주는 사람이었습니다.

좋은 에너지를 주는 사람만을 만나기에도 시간은 부족합니다. 내 발목을 붙잡는 듯한, 매번 어깨를 기대려고만 하는 늘 부정적인 에너지를 주는 관계라면 과감하게 정리해도 좋다고 봅니다.(형! 늘 건강하길 바랄게요!)

column 7 장끼남 생각

장끼남이 추천하는 살림 도서

1. 《까사마미식 수납법》

살림의 기본을 배우고 싶다면 강력 추천 드립니다. 양말과 속옷 개는 법, 비닐 접는 법 등 기본 노하우라고 생각할 수 있지만 효율적인 방법을 배울 수 있어요. 절판된 책이라 중고서점에서 보물찾기하듯이 찾아보세요.

2. 《미니멀라이프 청소와 정리법》

청소와 정리정돈에 더 진심인 일본 주부들의 노하우를 알 수 있는 책. 물때는 산성 세제, 기름때는 알칼리 세제를 쓰는 등 용도에 맞게 세제를 쓰면 청소 시간이 확 줄어듭니다. 물리적 힘을 가할 필요가 없어지니까요.

3. 《최고의 인테리어는 정리입니다》

비싼 돈 들여 인테리어를 하는 게 아닌, 내 손으로 정리를 하는 것만으로도 인테리어 효과를 볼 수 있다고 생각하는 점이 저와 비슷합니다. 정리, 청소, 살림의 중요성을 알면 공간을 변화시킬 수 있습니다.

4. 《돈 공부》

'돈'에 대해 누군가 상세하게 가르쳐준 적이 없습니다. 어머니께 하루 용돈 300원을 받아 매일 치토스 한 봉지를 사 먹었던 기억이 돈 공부의 시작이었습니다. 아버지 흰 머리 뽑기, 빗자루질 등으로 100원씩 추가 소득을 만들면 치토스 두 봉지를 먹을 수 있었지요. 하지만 돈은 무언가를 사는 것만이 아닌 다양한 관점으로 공부하고 생각할 필요가 있습니다.

5. 《그건 쓰레기가 아니라고요》

분리배출을 완벽하게 하는 사람을 단 한 명도 못 봤습니다. 분리배출의 기준이 생각보다 자주 바뀌고 있고 아파트, 빌라, 단독주택에 따라 배출 기준도 다르고, 지자체마다도 다릅니다. 그 혼란스러움을 조금이나마 잡아 줄 책입니다.

6. 《일본전산 이야기》

'불황기에 읽어야 할 필독서'라고 불립니다. 신입사원에게 1년간 화장실 청소를 시킨다는 것 외에 회사원으로서 마인드세팅에 도움이 됩니다. "고생이야말로 이자가 붙는 재산이다."라는 책에서 강조하는 부분을 읽고 고생을 긍정적으로 바라보고 있습니다.

7. 《집수리 닥터 강쌤의 셀프 집수리》

종종 가던 철물점 주인이 유튜버이자 작가였다니! 그날로 강쌤 철물 유튜브를 찾아서 보고 책을 읽었더니 일반가정집에서의 집수리를 할 수 있게 됐습니다. 기본적인 집수리에 관심이 있다면 읽어 보는 걸 권합니다.

8. 《관점을 디자인 하라》

지인이 추천해주는 책은 무조건 읽으려고 합니다. 정호 형이 추천해주었는데 정말 좋은 책이지요. 세상을 바라보는 시야를 조금 더 확장시켜줍니다. 내가 알고 있는 1+1=2 만이 아닌 다른 관점으로도 볼 필요가 있음을 알려줍니다. 보고 또 보고 소장해야 할 책.

부록

장끼남 상담

집안일로 다투지 마세요

남의 집 정리를 하다보면 "배우자가 물건을 제자리에 두지 않아 어질러진다."라는 말을 수도 없이 듣습니다. 물론 저도 겪어본 상황이지만 '왜 제자리에 두지 않지?'에 대한 고민을 했었지요.

'정해둔 자리'가 누구나 물건을 다시 돌려두기 좋은 환경인지 살펴보세요. 저희 집도 한때 소파, 의자, 침대에 입은 옷이 놓여있던 적이 있었습니다. 하지만 '입은 옷을 두기 편한 환경'을 만들었더니 현저하게 줄었습니다.

머리핀을 잃어버리는 아내를 위해 화장실 한편에 머리핀 자리를 만들어 주었더니 찾아 헤매는 일이 줄었습니다. (글루건을 이용해 클립을 붙였습니다)

배우자 또는 아이가 제자리에 물건을 안 두는 경우가 잦다면 제자리에 둘 수 있는 좋은 환경을 같이 고민해보고 환경을 만들어 보도록 하세요. 배우자가 물건을 제자리에 두지 않고 집안일을 하지 않는다고 다투지 말고 해결책을 조율하며 찾아가는 것이지요.

장끼남 채널을 운영하며 만난 여러분의 케이스를 소개합니다. 집안일로 다투지 마시고 서로 대화하여 더 행복한 가정을 만들어 보세요. (다음 사례는 개인 정보의 일부를 삭제 또는 변형, 혼합하였습니다.)

CASE 1

정리가 너무 어려운 맞벌이 부부

구성원 : 부부, 딸

공간 : 20평대

정리 기간 : 12일

가장 해결하고 싶은 문제 : 초등학교 입학하는 딸에게 방 제공

정리 과정 : 정리, 청소업체를 이용 중이었음에도 정리가 안 되어 있는 집이었기에 근본적인 해결책이 필요했습니다. 구석구석 숨겨진 오래된 물건을 버렸고, 하나하나 물건을 정리했더니 공간이 생겼습니다.

정리가 마무리 되어갈 무렵 아이 방에 들어갈 침대, 책상을 구매하였지요. 추후 제 자녀의 경우라고 생각하고 많이 고민하고 신중

하게 골랐습니다. 자녀를 위해서 해줄 수 있는 것이 많지만 자녀를 위한 아늑한 공간을 제공하는 것도 중요하다는 것을 깨달았지요.

의뢰인의 한마디 : 머릿속으로 생각만 하고 실천하기 어려웠는데 같이 해줘서 고마웠어요! 이제 정리가 뭔지 알 것 같습니다.

CASE 2

신혼 한 달 차 20대 부부

구성원 : 신혼부부

공간 : 10평대

정리 기간 : 2일

가장 해결하고 싶은 문제 : 서로 살림을 조화롭게 하는 법

정리 과정 : 30년이 훌쩍 넘은 좁고 오래된 아파트이지만 이 부부는 굉장히 행복해 보였습니다. 신혼부부의 정석이라고 느낄 정도! 좁은 집이지만 효율적으로 쓸 수 있는 공간을 만들어 보고 싶다고 요청했어요.

'맞벌이'하고 있으니, '맞살림'해야 함을 강조했습니다. 남편이 화장실 청소하고 주방 청소도 하고 청소기도 돌리는 등 업무 분장을 함께 궁리했습니다.

의뢰인의 한마디 : 살림 시작을 어떻게 해야 할지 몰랐는데 큰 도움이 되었어요. 앞으로도 현명하게 잘 해나가겠습니다.

CASE 3

남편의 독박살림

구성원 : 부부, 아들, 반려견 둘

공간 : 20평대

정리 기간 : 4일

가장 해결하고 싶은 문제 : 독박살림. 살림 손을 놓고 있는 배우자에게 살림의 중요도 알리기

정리 과정 : 살림이 잘 이뤄지지 않는 데는 여러 이유가 있습니다. 독박살림으로 인해 지쳐있는 경우라면 배우자와 협력할 수 있는 관계를 만드는 게 시급합니다.

배우자가 식사 후 소파로 직행하는 패턴을 바꿨습니다. 식사 후 주방으로 가서 같이 설거지를 하고 뒷정리를 같이 하는 것부터 변화를 이끌어냈어요.

의뢰인의 한마디 : "우리 오늘은 어디를 청소할까?"라며 부부가 처음으로 살림에 대한 대화를 할 수 있어 좋았어요. 서로의 속마음을 솔직하게 털어놓는 대화와 진지한 설득이 중요함을 배웠습니다.

CASE 4

직장동료 부모님 댁 정리

구성원 : 60대 부부

공간 : 20평대

정리 기간 : 5일

가장 해결하고 싶은 문제 : 40년 이상의 결혼생활로 쌓인 과거의 짐을 비워내고 잘 쓰는 물건을 더 잘 활용하는 효율적인 공간으로 만들기

정리 과정 : 어느새 40년, 세월에 따라 쌓인 물건을 바로 정리하기는 쉽지 않은 일입니다. 여러 책에서 읽었던 이론을 기준으로

설득했습니다.

구석구석 집 안에 있던 과거의 추억을 내보내면서 생활 공간이 여유로워질 뿐만 아니라 며느리, 손주들도 편히 쉴 수 있는 공간이 마련됐습니다. 부모님에게 '돈'이 아닌 쾌적한 '공간'을 선물하는 효도를 권해드립니다.

의뢰인의 한마디 : 정리되니깐 다르긴 다르네요. 집에 오는 길이 더 즐거워졌습니다. 진작 할 걸 그랬어요.

CASE 5

30대 독박 육아 워킹맘

구성원 : 워킹맘, 딸, 아들

공간 : 10평대

정리 기간 : 3일

가장 해결하고 싶은 문제 : 독박육아 워킹맘으로 너무 벅찹니다. 삶에 숨 쉴 공간에 필요해요.

정리 과정 : 둘째 출산 후 산후조리원에 있을 당시 집안 정리를

원한다고 연락을 주셨어요. 가장 큰 비중을 차지하는 주방 공간을 먼저 정리했어요.

안 쓰는 물건을 내보내고 자주 쓰는 물건을 편히 닿는 곳에 두었더니 이리저리 왔다 갔다 하는 행동이 줄어들게 되었지요. 주방만 정리해도 삶이 훨씬 편해졌습니다.

의뢰인의 한마디 : 주방에서 물건의 제자리만 찾아줬는데 불필요한 동선이 줄어 저절로 여유시간이 생겼어요.

CASE 6

모든 게 귀찮은 자취 청년

구성원 : 20대 사회초년생 청년

공간 : 10평 미만 원룸

정리 기간 : 2일

가장 해결하고 싶은 문제 : 청소, 정리정돈의 중요성을 알고 싶어요

정리 과정 : 이제 막 독립한 사회초년생! 취업 준비하랴 직장에 적응하랴 자취방은 대체로 청소, 정리정돈과는 거리가 멀기 십상

입니다. 화장실에는 곰팡이가 피어있고, 여기저기 쓰레기가 방치되어있지요. 기본 청소법과 필수 청소 주기를 알려주고, 공간 활용의 아이디어를 제시했습니다.

의뢰인의 한마디 : 청소의 중요성을 깨닫게 되었어요. 청소가 이렇게 중요한지 몰랐어요! 꼭 유지하겠습니다.

배우자에게 의존하지 말고
부족한 부분은 채워주세요

인생은 스스로 살아나가야 합니다. 혼자서도 무엇이든 할 수 있고 혼자서도 외롭지 않은 사람이 될 수 있어야 합니다.

항상 배우자, 부모님, 자녀를 찾는다던가, 제대로 실행에 옮기지 못하고 '나는 원래 못해.'라는 말만 반복하지 않는지 생각해 보길 바랍니다. 자가 진단을 해보면 의존성이 너무 높다는 결론에 이를 수도 있습니다.

특히 배우자에게 의존도가 지나치면 집착으로 이어지기 쉽고, 귀가가 늦어지면 불안해질 수 있습니다. (개인차가 있습니다) 그 어느 누구라도 타인에 대한 의존을 내려놓고 자신에 집중해서 독립성을 기르는 것이 중요합니다.

제 인생의 신조는 '의존하지 말자'입니다. 어렸을 때는 부모님에게, 지금은 배우자에게 의존하지 않겠다는 생각이지요. 간혹 어깨를 기댈 수는 있지만 단단하게 서서 굳건하게 어깨를 내어줄 수 있는 사람이 되고 싶습니다.

반대로 주위에 너무 무관심한 사람도 있습니다. 결혼 뒤 어항 안에 물고기를 넣은 듯한 생각으로 지내는 사람들이 있어요. 그 물고기는 외로이 홀로 맴돌다 지쳐버릴지도 모릅니다.

물고기와 더 넓은 세상으로 나아가야 하고 더 좋은 환경을 만들기 위해서 최선을 다해야 합니다. 배우자에게 너무 의존하면 안되지만 반대로 제3자처럼 관전만 하면 절대 충만한 결혼생활이 될 수 없지요.

저는 정리정돈, 청소면에서는 더 나은 면이 있겠지만 다른 면에서 부족한 점이 많습니다. 그 부족한 부분을 제 아내가 채워주고 있지요.

배우자의 좋은 면을 보면 뭐든 함께하고 싶어지고 더 좋은 상황을 만들어 주고 싶어집니다. 직장일로 힘들 때도 아내가 격려해주었고 유튜브 활동을 하며 힘들었을 때도 아내가 손을 잡아 주었습니다.

늘 즐겁게 촬영하는 것처럼 보여도 의뢰인에게 상처받은 적도 있었습니다. 진심을 전달하려 했지만, 상대방은 받아들이지 않았지요. 사람에 대해 다시 생각하게 된 계기였지만 아내가 현명한 사람임을 알게 된 소중한 시간이었습니다.

아내는 매일 정리정돈 관련 서적만 들여다보던 저에게 잠시 쉬어가라며 미셸 엘먼의《가끔은 이기적이어도 괜찮아》, 샘혼의《함부로 말하는 사람과 대화하는 법》을 사주었습니다.

장끼남에게 주는 책

칼보다 펜이 무섭고, 입으로 흥한 자는 입으로 망한다는 불변의 진리가 있다. 그럼에도 우리가 쉬지 않고 하는 일은 '말'이다.
여러 관계 속, 말을 악하게 하는 사람들을 만난다.
비판과 비난, 조언과 조롱 우리도 모르게 넘을 수 있는 선의 그 중심을 지킬 수 있게 늘 옆에 있어줄게!

그 책을 통해 저는 더 단단해질 수 있었고 아내를 위해서라도 다시 앞으로 나아가야겠다는 마음을 먹었습니다. 누구나 완벽할 순 없습니다. 부족한 면만 보면 끝도 없지요. 배우자의 좋은 면을 보고 사랑하며, 부족한 면은 채워주면 어떨까요?

배우자가 분리배출을 하며 음식물 쓰레기는 안 버리고 재활용품만 버렸다면 "또 음식물 쓰레기는 안 버렸네."라고 투덜거릴 수도 있지요. 하지만 "이따가 산책하러 나가면서 버리자."라고 말해

보면 어떨까요? 서로 부족한 부분을 채워나가는 '상호보완적인 관계'로 나아가길 진심으로 바랍니다.

제가 가족센터에서 강의를 마치면서 꼭 드리는 말이 있습니다.

여러분 모두 순탄한 결혼생활이 되시길 바랍니다.

이 책이 여러분의 삶에 조금이나마 도움이 되길 바랍니다.

집안일이 쉬워지는

장끼남 살림법

1쇄 펴낸날 2024년 11월 30일

지은이 김진선(장끼남)
펴낸이 정원정, 김자영
편집 홍현숙
디자인 이유진

펴낸곳 즐거운상상
주소 서울시 중구 충무로 13 엘크루메트로시티 1811호
전화 02-706-9452
팩스 02-706-9458
전자우편 happydreampub@naver.com
인스타그램 @happywitches
출판등록 2001년 5월 7일
인쇄 천일문화사

ISBN 979-11-5536-226-6 (13590)

• 잘못 만들어진 책은 서점에서 교환하여 드립니다.
• 책값은 뒤표지에 있습니다.
• 전자책으로 출간되었습니다.